互联立方 BIM 应用培训系列丛书

北京互联立方技术服务有限公司 主编

Autodesk Revit
机电应用之入门篇

王君峰　杨　云　胡　添
娄琮味　张海平　毛文颜　编著

中国水利水电出版社
www.waterpub.com.cn

内 容 提 要

本书以教学楼项目为基础，以实例操作的方式，深入浅出，介绍如何利用当前流行的 BIM 工具软件 Revit 通过协同工作的方式和链接土建专业模型创建教学楼项目的给排水、消防系统管道、设备及管路附件的全部流程，并利用建筑信息模型的"信息"对机电管线进行分类及管理；通过 Revit 内置渲染器对模型进行多种形式的渲染和表达。在此过程中，介绍了如何将 Revit 创建的建筑信息模型与流行的 Autodesk 3ds Max 等流行媒体动画制作工具进行数据交换，进一步增强三维表现能力。在讲解过程中，详细介绍了每一步操作的目的和相关的操作技巧。

本书附带光盘中包含书中所有操作的操作视频，可以在最短时间内理解和掌握 Revit 在机电设备方面的应用操作流程。本书可以作为各类设计企业、施工企业以及开发企业等希望了解和快速掌握 Revit 基础应用的用户，也可以作为大中专院校相关专业的参考教材。

图书在版编目（ＣＩＰ）数据

Autodesk Revit机电应用之入门篇 / 王君峰，杨云
等编著. — 北京：中国水利水电出版社，2013.3（2021.8 重印）
（互联立方BIM应用培训系列丛书）
ISBN 978-7-5170-0716-6

Ⅰ. ①A… Ⅱ. ①王… ②杨… Ⅲ. ①机械设计－计算机辅助设计－应用软件 Ⅳ. ①TH122

中国版本图书馆CIP数据核字(2013)第054706号

书 名	互联立方 BIM 应用培训系列丛书 Autodesk Revit 机电应用之入门篇
作 者	王君峰 杨 云 等编著
出版发行	中国水利水电出版社
	（北京市海淀区玉渊潭南路 1 号 D 座　100038）
	网址：www.waterpub.com.cn
	E-mail：sales@waterpub.com.cn
	电话：（010）68367658（营销中心）
经 售	北京科水图书销售中心（零售）
	电话：（010）88383994、63202643、68545874
	全国各地新华书店和相关出版物销售网点
排 版	北京三原色工作室
印 刷	天津嘉恒印务有限公司
规 格	184mm×260mm　16 开本　13.25 印张　314 千字
版 次	2013 年 3 月第 1 版　2021 年 8 月第 4 次印刷
印 数	10001—11000 册
定 价	40.00 元（附光盘 1 张）

凡购买我社图书，如有缺页、倒页、脱页的，本社营销中心负责调换

序

如果说 20 世纪末工程建设行业称为"甩图板"工程的 CAD 技术应用是一场设计"工具"技术革命的话，无疑，随着 BIM 的提出及应用的逐步升温，并最终成为行业运作标准，对于工程建设行业而言，将是一场更深层次的行业革命，因为 BIM 将可能改变行业的游戏规则。

有人说，BIM 的三大要素是：人才、流程和交付模式，如果工程建设行业的企业要想在 BIM 行业革命中不断进取，人才是不可忽视的资源，而人才培训是建立有效 BIM 人才资源的必由之路。

作为工程建设行业的服务提供商，我们并没有悠久的历史，但与互联立方（isBIM）属同一集团的北纬华元（RNL）和东经天元（REL），却见证了工程建设行业从"甩图板"到 BIM 行业革命的过程。我们始终认为，协助工程建设行业在 BIM 行业革命中不断发展，是 isBIM 的责任所在。

我们时常告诫自己，我们为什么叫 isBIM？The answer isBIM。因此，将我们对 BIM 的理解、积累，形成系列丛书，分享给我们的客户，将使得我们与工程建设行业客户最终实现双赢。

互联立方 BIM 应用培训系列丛书《Autodesk Revit 机电应用之入门篇》，将是 isBIM 帮助您打开机电 BIM 应用大门的第一把钥匙。

北京互联立方技术服务有限公司董事长　汪逸

前言

自 Revit 系列软件引入中国以来，引领工程领域设计和管理变革的另一项技术——建筑信息模型技术也一同引入国内。随着时间的发展，BIM 概念从最初的不理解、被排斥，发展到现在已经广泛应用于设计、施工及运营过程。从过去的单一民用建筑设计领域，发展到现在工业、水利水电等多个工程领域。

自 Revit 系列软件引入中国以来，引领工程领域设计和管理变革的另一项技术——建筑信息模型技术也一同引入国内。随着时间的发展，BIM 概念从最初的不理解、被排斥，发展到现在已经广泛应用于设计、施工及运营过程。从过去的单一民用建筑设计领域，发展到现在工业、水利水电等多个工程领域。

目前 BIM 技术已经成为最炙手可热的工程信息化技术。行业的发展孕育了巨大的培训市场。然而纵观整个 BIM 相关培训领域，却良莠不齐，鱼龙混杂。同时仍然没有完整的教育、学习、培训体系。也正是因为如此，成为了我编写本系列教材的初衷。

我曾经先后参编《Autodesk Revit Building 9 应用宝典》，主编了《Autodesk Revit Architecture 2009 实践培训教程》以及《Autodesk Revit Architecture 2010 建筑设计火星课堂》几本不同类型、不同侧重点的教材。特别是《Autodesk Revit Architecture 2010 建筑设计火星课堂》已经成为当前业界评价最高的应用教材，在当当网、卓越亚马逊中一直以来均五星级评价，目前已经出版第 2 版并 4 次印刷。在此过程中，也积累了大量的 Revit 教学和应用经验，更加了解作为最终用户的学习理解过程和心态。此次系列培训教材，即结合笔者多年来对 Revit 培训的经验，为希望了解 Revit 和 BIM 基础的零基础人士，以最快捷、最高效、最直观的讲述方式，快速掌握利用 Revit 这个最流行的 BIM 工具，完成模型创建流程与渲染表现的过程。同时希望这一系列教程，能够为各位读者开启一扇 BIM 之门。

本系列教程适合于包括高校学生、老师以及所有从事工程行业专业人士在内的准 BIMer。也适合作为培训课堂中使用的标准参考教材。

北京互联立方技术服务有限公司（isBIM，新浪微博：@isBIM 中国）与北京北纬华元软件科技有限公司（RNL，新浪微博：@北纬华元_RNL）及北京东经天元软件科技有限公司（REL，新浪微博：@东经天元）同属香港盖德科技集团，已在中国 CAD 领域及建筑信息化领域服务超过 13 年。isBIM 作为国内最专业、最领先的 BIM 咨询、服务类企业，拥有超过 60 名专业技术工程师，其中 90%均具备工程行业设计、施工或管理经验。

本书在编写过程中，得到了 isBIM 各位同事的大力支持以及成都师范学院土木与交通工程系老师们的倾情奉献。其中，isBIM 同事娄琮味编写了第 1 章、第 2 章，胡添编写了第 8 章、第 9 章，张海平编写了第 10 章、第 11 章；成都师范学院的毛文颜老师编写了第 3 章、第 4 章，杨云老师编写了第 5 章、第 6 章、第 7 章。王君峰负责全书的修订与协调，感谢各位在我近乎完美主义的苛刻要求下，各位的辛苦工作与不断的修改。在此我向所有参与本书编写的同事、老师们说一声：正是你们废寝忘食的工作，才顺利完成本教材，谢谢大家的付出。同时向所有在编写过程中提出宝贵经验和意见的同事们表示感谢。

限于作者的水平，加之时间仓促，书中错误在所难免，希望读者指正。限于本书的定位，诸多事宜未能详尽介绍，也请读者谅解。有任何意见，可关注我的新浪微博：@影响思维，共同交流共同进步！

王君峰

2013 年 1 月

修订说明

本书内容根据读者的反馈做了文字的修订，修正了原来版本中的文字错误。其中光盘部分做了大量的修订，并根据 Revit 新版本重新录制了全部的视频内容。对于操作文件部分，也均升级至新版本版。请读者使用 Revit 新版本或更新的版本学习和查看光盘中的内容。

欢迎扫描左侧二维码添加作者微信与作者直接沟通，提出您的宝贵意见，也可以通过扫描右侧二维码加入本书的 QQ 讨论群，共同学习，共同成长。

作者个人微信号：影响思维   本书 QQ 讨论群

目　　录

第 1 章 Revit 基础

本章提要:
➢ 理解 BIM 的概念
➢ 了解 Revit 与 BIM 的关系
➢ 了解 Revit 的用途

Revit 系列软件是由全球领先的数字化设计软件供应商 Autodesk 公司,针对建筑设计行业开发的三维参数化设计软件平台。自 2004 年进入中国以来,它已成为最流行的 BIM 创建工具,越来越多的设计企业、工程公司使用它完成三维设计工作和 BIM 模型创建工作。

1.1 Revit 简介

Revit 最早是一家名为 Revit Technology 公司于 1997 年开发的三维参数化建筑设计软件。2002 年被 Autodesk 公司收购,并在工程建设行业提出 BIM(Building Information Modeling,建筑信息模型)的概念。

Revit 是专为建筑行业开发的模型和信息管理平台,它支持建筑项目所需的模型、设计、图纸和明细表。并可以在模型中记录材料的数量、施工阶段、造价等工程信息。

在 Revit 项目中,所有的图纸、二维视图和三维视图以及明细表都是同一个基本建筑模型数据库的信息表现形式。Revit 的参数化修改引擎可自动协调在任何位置(模型视图、图纸、明细表、剖面和平面中)进行的修改。

1.1.1 BIM(建筑信息模型)

BIM 全称为 Building Information Modeling,意为"建筑信息模型",由 Autodesk 公司最早提出此概念。BIM 是以三维数字技术为基础,集成了建筑工程项目各种相关信息的工程数据模型,可以为设计和施工中提供相协调的、内部保持一致的并可进行运算的信息。

利用 Revit 强大的参数化建模能力、精确统计及 Revit 平台上优秀协同设计、碰撞检查功能,在民用及工厂设计领域中,已经被越来越多的民用设计企业、专业设计院、EPC 企业采用。

1.1.2 参数化

"参数化"是 Revit 的基本特性。所谓"参数化"是指 Revit 中各模型图元之间的相对关系,例如,相对距离、共线等几何特征。Revit 会自动记录这些构件间的特征和相对关系,从而实现模型间自动协调和变更管理,例如,当指定窗底部边缘距离标高距离为 900,当修改标高位置时,Revit 会自动修改窗的位置,以确保变更后窗底部边缘距离标高仍为 900。构件间参数化关系可以在创建模型时由 Revit 自动创建，也可以根据需要由用户手动创建。

在 CAD 领域中，用于表达和定义构件间这些关系的数字或特性称为"参数"，Revit 通过修改构件中的预设或自定义的各种参数实现对模型的变更和修改，这个过程称之为参数化修改。参数化功能为 Revit 提供了基本的协调能力和生产率优势：无论何时在项目中的任何位置进行任何修改，Revit 都能在整个项目内协调该修改，从而确保几何模型和工程数据的一致性。

1.2　Revit 基础

学习 Revit 最好的方法就是动手操作。通过本书的学习和不断深入，相信您一定能很好掌握软件的操作步骤。

1.2.1　Revit 的启动

Revit 是标准的 Windows 应用程序。可以像其它 Windows 软件一样通过双击快捷方式启动 Revit 主程序。启动后，默认会显示"最近使用的文件"界面。如果在启动 Revit 时，不希望显示"最近使用的文件界面"，可以按以下步骤来设置。

1）启动 Revit ，单击左上角"应用程序菜单"按钮，在菜单中选择位于右下角的"选项"按钮，在"用户界面"对话框，如图 1-1 所示。

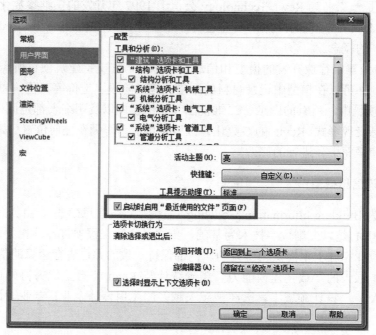

图 1-1

2）在"选项"对话框中，切换至"常规"选项卡，清除"启动时启用'最近使用文件'页面"复选框，设置完成后单击"确定"按钮，退出"选项"对话框。

3）单击"应用程序菜单"按钮，在菜单中选择"退出 Revit"，关闭 Revit，再次重新启动 Revit，此时将不再显示"最近使用的文件"界面，仅显示空白界面。

4）使用相同的方法，勾选"选项"对话框中"启动时启用'最近使用文件'页面"复选框并单击"确定"按钮，将重新启用"最近使用的文件"界面。

1.2.2　Revit 的界面

Revit 2013 的应用界面如图 1-2 所示。在主界面中，主要包含项目和族两大区域。分别用于打开或创建项目以及打开或创建族。在 Revit 2013 中，已整合了包括建筑、结构、机电各专业的功能，因此，在项目区域中，提供了建筑、结构、机械、构造等项目创建的快捷方式。单击不同类型的项目快捷方式，将采用各项目默认的项目样板进入新项目创建模式。

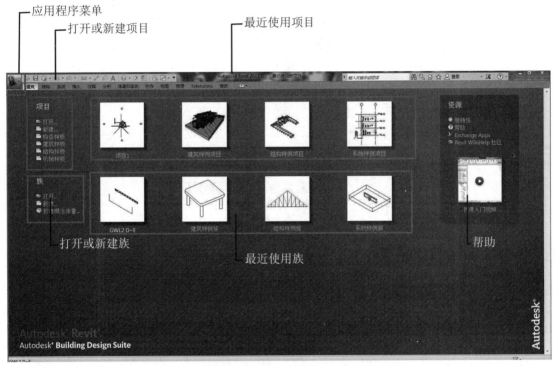

图 1-2

项目样板是 Revit 工作的基础。在项目样板中预设了新建的项目所有默认设置，包括长度单位、轴网标高样式、墙体类型等。项目样板仅为项目提供默认预设工作环境，在项目创建过程中，Revit 允许用户在项目中自定义和修改这些默认设置。

如图 1-3 所示，在"选项"对话框中，切换至"文件位置"选项，可以查看 Revit 中各类项目所采用的样板设置。在该对话框中，还允许用户添加新的样板快捷方式，浏览指定所采用的项目样板。

还可以通过单击应用程序菜单按钮，在列表中选择"新建→项目"选项，将弹出"新建项目"对话框，如图 1-4 所示。在该对话框中可以指定新建项目时要采用的样板文件，除可以选择已有的样板快捷方式外，还可以单击"浏览"按钮指定其它样板文件创建项目。在该对话框中，选择"新建"的项目为"项目样板"的方式，用于自定义项目样板。

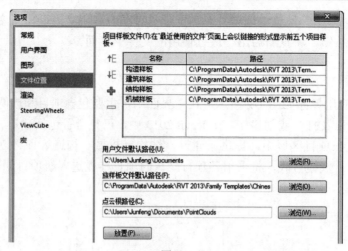

图 1-3

图 1-4

1.2.3　使用帮助与信息中心

Revit 提供了完善的帮助文件系统,以方便用户在遇到使用困难时查阅。可以随时单击"帮助与信息中心"栏中的"Help"按钮 ❓ 或按键盘 F1 键,打开帮助文档进行查阅。目前,Revit 2013 已将帮助文件以在线的方式存在,因此必须连接 Internet 才能正常查看帮助文档。

1.3　Revit 基本术语

要掌握 Revit 的操作,必须先理解软件中的几个重要的概念和专用术语。由于 Revit 是针对工程建设行业推出的 BIM 工具,因此 Revit 中大多数术语均来自于工程项目,例如结构墙、门、窗、楼板、楼梯等。但软件中包括几个专用的术语,读者务必掌握。

除前面介绍的参数化、项目样板外,Revit 还包括几个常用的专用术语。这些常用术语包括:项目、对象类别、族、族类型、族实例。必须理解这些术语的概念与涵义,才能灵活创建模型和文档。

1.3.1　项目

在 Revit 中,可以简单的将项目理解为 Revit 的默认存档格式文件。该文件中包含了工程中所有的模型信息和其它工程信息,如材质、造价、数量等,还可以包括设计中生成的各种图纸和视图。项目以.rvt 的数据格式保存。注意.rvt 格式的项目文件无法在低版本的 Revit 打开,但可以被更高版本的 Revit 打开。例如，使用 Revit 2012 创建的项目数据，无法在 Revit 2011 或更低的版本中打开，但可以使用 Revit 2013 打开或编辑。

【提示】使用高版本的软件打开数据后，当在数据保存时，Revit 将升级项目数据格式为新版本数据格式。升级后的数据也将无法使用低版本软件打开了。

上一节中提到，项目样板是创建项目的基础。事实上在 Revit 中创建任何项目时，均会采用默认的项目样板文件。项目样板文件以.rte 格式保存。与项目文件类似，无法在低版本的 Revit 软件中使用高版本创建的样板文件。

1.3.2　对象类别

与 AutoCAD 不同，Revit 不支持图层的概念。Revit 中的轴网、墙、尺寸标注、文字注释等对象以对象类别的方式进行自动归类和管理。Revit 通过对象类别进行细分管理。例如，模型图元类别包括墙、楼梯、楼板等；注释类别包括门窗标记、尺寸标注、轴网、文字等。

在项目任意视图中通过按键盘默认快捷键 VV，将打开"可见性图形替换"对话框，如图 1-5 所示，在该对话框中可以查看 Revit 包含的详细的类别名称。

图 1-5

注意在 Revit 的各类别对象中，还将包含子类别定义，例如楼梯类别中，还可以包含踢面线、轮廓等子类别。Revit 通过控制对象中各子类别的可见性、线形、线宽等设置，控制三维模型对象在视图中的显示，以满足建筑出图的要求。

在创建各类对象时，Revit 会自动根据对象所使用的族将该图元自动归类到正确的对象类别当中。例如，放置门时，Revit 会自动将该图元归类于"门"，而不必像 AutoCAD 那样预先指定图层。

1.3.3　族

Revit 的项目是由墙、门、窗、楼板、楼梯等一系列基本对象"堆积"而成，这些基本的零件称之为图元。除三维图元外，包括文字、尺寸标注等单个对象也称之为图元。

族是 Revit 项目的基础。Revit 的任何单一图元都由某一个特定族产生。例如，一扇门、面墙、一个尺寸标注、一个图框。由一个族产生的各图元均具有相似的属性或参数。例如，对于一个平开门族，由该族产生的图元可以具有高度、宽度等参数，但具体每个门的高度、宽度的值可以不同，这由该族的类型或实例参数定义决定。

在 Revit 中，族分为以下三种：

1．可载入族

可载入族是指单独保存为族.rfa 格式的独立族文件，且可以随时载入到项目中的族。Revit 提供了族样板文件，允许用户自定义任意形式的族。在 Revit 中门、窗、结构柱、卫浴装置等均为可载入族。

2．系统族

系统族仅能利用系统提供的默认参数进行定义，不能作为单个族文件载入或创建。系统族包括墙、尺寸标注、天花板、屋顶、楼板、尺寸标注等。系统族中定义的族类型可以使用"项目传递"功能在不同的项目之间进行传递。

3．内建族

在项目中，由用户在项目中直接创建的族称为内建族。内建族仅能在本项目中使用，即不能保存为单独的.rfa 格式的族文件，也不能通过"项目传递"功能将其传递给其它项目。

与其它族不同，内建族仅能包含一种类型。Revit 不允许用户通过复制内建族类型来创建新的族类型。

1.3.4　类型和实例

除内建族外，每一个族包含一个或多个不同的类型，用于定义不同的对象特性。例如，对于墙来说，可以通过创建不同的族类型，定义不同的墙厚和墙构造。而每个放置在项目中的实际墙图元，则称之为该类型的一个实例。Revit 通过类型属性参数和实例属性参数控制图元的类型或实例参数特征。同一类型的所有实例均具备相同的类型属性参数设置，而同一类型的不同实例，可以具备完全不同的实例参数设置。

如图 1-6 所示，列举了 Revit 中族类别、族、族类型和族实例之间的相互关系。

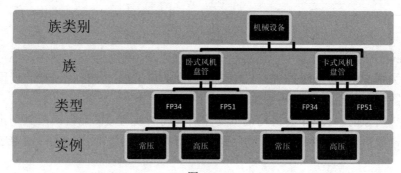

图 1-6

例如，对于同一类型的不同墙实例，它们均具备相同的墙厚度和墙构造定义，但可以具备不同的高度、底部标高、顶部标高等信息。

修改类型属性的值会影响该族类型的所有实例，而修改实例属性时，仅影响所有被选择的实例。要修改某个实例具有不同的类型定义，必须为族创建新的族类型。例如，要将其中一个厚度 240mm 的墙图元修改为 300mm 厚的墙，必须为墙创建新的类型，以便于在类型属性中定义墙的厚度。

1.3.5　各术语间的关系

在 Revit 中，各类术语间对象的关系如图 1-7 所示。

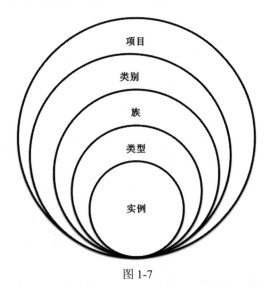

图 1-7

可这样理解 Revit 的项目，Revit 的项目由无数个不同的族实例（图元）相互堆砌而成，而 Revit 通过族和族类别来管理这些实例，用于控制和区分不同的实例。而在项目中，Revit 通过对象类别来管理这些族。因此，当某一类别在项目中设置为不可见时，隶属于该类别的所有图元均将不可见。

本书在后续的章节中，将通过具体的操作来理解这些晦涩难懂的概念。读者对此基本理解即可。

1.4　图元行为

族是构成项目的基础。在项目中，各图元主要起以下三种作用：

◆　基准图元可帮助定义项目的定位信息。例如，轴网、标高和参照平面都是基准图元。

◆　模型图元表示建筑的实际三维几何图形。它们显示在模型的相关视图中，例如，墙、窗、门和屋顶是模型图元。

◆　视图专有图元只显示在放置这些图元的视图中。它们可帮助对模型进行描述或归档。例如，尺寸标注、标记和二维详图构件都是视图专有图元。

而模型图元又分为有两种类型：

◆ 主体（或主体图元）通常为能够使其它对象附着于自身的图元。例如，墙和天花板是主体，门、窗等附着于墙体。Revit 提供了基于主体的族样板，以便于创建基于主体的图元。

◆ 模型构件是建筑模型中其他所有类型的图元。例如，窗、门和橱柜是模型构件。

对于视图专有图元，则分为以下两种类型：

◆ 注释图元是对模型信息进行提取并在图纸上以标记文字的方式显示其名称、特性。例如，尺寸标注、标记和注释记号都是注释图元。当模型发生变更时，这些注释图元将随模型的变化而自动更新。

◆ 详图是在特定视图中提供有关建筑模型详细信息的二维项。例如，包括详图线、填充区域和二维详图构件。这类图元类似于 AutoCAD 中绘制的图块，不随模型的变化而自动变化。

如图 1-8 所示，列举了 Revit 中各不同性质和作用的图元的使用方式，供读者参考。

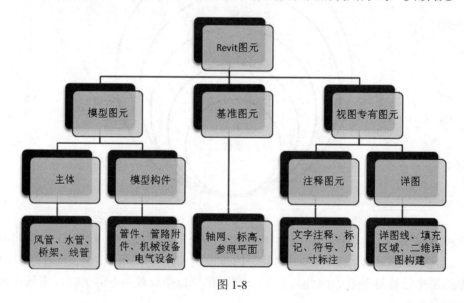

图 1-8

1.5　本章小结

本章主要介绍了 BIM 及参数化的概念及意义，以及 Revit 的概况、基本概念和应用范围，并了解了 Revit 系列其它软件的基本情况。本章介绍了 Revit 的界面操作、项目、项目样板及族的基本概念，以及族类型及图元的关系。本章内容多以概念为主，这些概念是学习掌握 Revit 的基础，本书在后面章节中将在项目操作过程中，不断强化这些概念。在下一章中，将进一步介绍 Revit 中的基本操作。

第2章 Revit基本操作

本章提要：
➢ 了解 Revit 操作界面
➢ 掌握 Revit 视图
➢ 掌握基本修改、编辑命令
➢ 掌握临时尺寸标注

上一章中介绍了 Revit 的基本概念。由于各位读者刚刚接触 Revit 软件，这些概念显得相当难以理解，即使读者不能理解这些概念也没关系，随着对 Revit 操作和理解的加深，这些概念会自然理解。接下来，将介绍 Revit 的基本操作和编辑工具。

2.1 用户界面

Revit 使用了旨在简化工作流的 Ribbon 界面。用户可以根据自己的需要修改界面布局。例如，可以将功能区设置为四种显示设置之一。还可以同时显示若干个项目视图，或修改项目浏览器的默认位置。

如图 2-1 所示，为在项目编辑模式下 Revit 的界面形式。

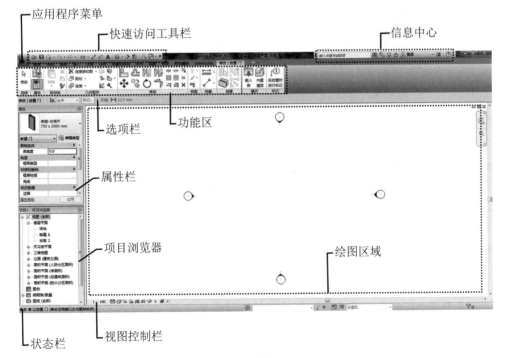

图 2-1

2.1.1 应用程序菜单

单击左上角"应用程序菜单"按钮 ![按钮] 可以打开应用程序菜单列表，如图 2-2 所示。

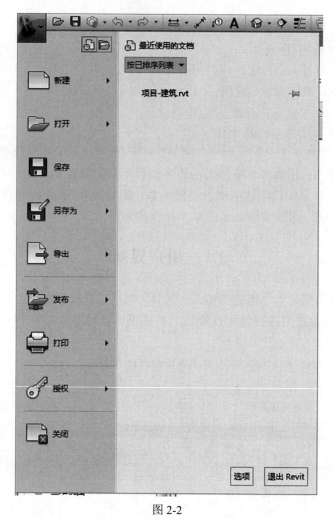

图 2-2

应用程序菜单按钮类似于传统界面下的"文件"菜单，包括新建、保存、打印、退出 Revit 等均可以在此菜单下执行。在应用程序菜单中，可以单击各菜单右侧的箭头查看每个菜单项的展开其选择项，然后再单击列表中各选项执行相应的操作。

单击应用程序菜单右下角"选项"按钮，可以打开"选项"对话框。如图 2-3 所示，在"用户界面"选项中，用户可根据自己的工作需要自定义出现在功能区域的选项卡命令，并自定义快捷键。

【提示】在 Revit 中使用快捷键时直接按键盘对应字母即可，输入完成后无需输入空格或回车。在本书后面操作中，将对操作中使用到的每一个工具说明默认快捷键。

图 2-3

2.1.2 功能区

功能区提供了在创建项目或族时所需要的全部工具。在创建项目文件时，功能区显示如图 2-4 所示。功能区主要由选项卡、工具面板和工具组成。

图 2-4

单击工具可以执行相应的命令，进入绘制或编辑状态。在本书后面章节中，会按选项卡、工具面板和工具的顺序描述操作中该工具所在的位置。例如，要执行"风管"工具，将描述为"单击系统选项卡 HVAC 面板中门风管工具"。

如果同一个工具图标中存在其它工具或命令，则会在工具图标下方显示下拉箭头，单击该箭头，可以显示附加的相关工具。与之类似，如果在工具面板中存在未显示的工具，会在面板名称位置显示下拉箭头。Revit 如图 2-5 所示，为导线工具中的包含的附加工具。

图 2-5

【提示】如果工具按钮中存在下拉箭头，直接单击工具将执行最常用的工具，即列表中第一个工具。

Revit 根据各工具的性质和用途，分别组织在不同的面板中。如图 2-6 所示，如果存在与面板中工具相关的设置选项，则会在面板名称栏中显示斜向箭头设置按钮。单击该箭头，可以打开对应的设置对话框，对工具进行详细的通用设定。

图 2-6

　　鼠标左键按住并拖动工具面板标签位置时，可以将该面板拖曳到功能区上其它任意位置。使之成为浮动面板。要将浮动面板返回到功能区，移动鼠标移至面板之上，浮动面板右上角显示控制柄时，如图 2-7 所示，单击"将面板返回到功能区"符号即可将浮动面板重新返回工作区域。注意工具面板仅能返回其原来所在的选项卡中。

　　Revit 提供了 3 种不同的功能区面板显示状态。单击选项卡右侧的功能区状态切换符号[◁▷]，可以将功能区视图在显示完整的功能区、最小化到面板平铺、最小化至选项卡状态间循环切换。如图 2-8 所示，为最小化到面板平铺时功能区的显示状态。

图 2-7

图 2-8

2.1.3　快速访问工具栏

　　除可以在功能区域内单击工具或命令外，Revit 还提供了快速访问工具栏，用于将执行最常使用的命令。默认情况下快速访问栏包含下列项目，如表 2-1 所示。

表 2-1

快速访问工具栏项目	说明
📂（打开）	打开项目、族、注释、建筑构件或 IFC 文件
💾（保存）	用于保存当前的项目、族、注释或样板文件
↩ ▾（撤消）	用于在默认情况下取消上次的操作。显示在任务执行期间执行的所有操作的列表
↪ ▾（恢复）	恢复上次取消的操作。另外还可显示在执行任务期间所执行的所有已恢复操作的列表
🔲 ▾（切换窗口）	单击下拉箭头，然后单击要显示切换的视图
📦 ▾（三维视图）	打开或创建视图，包括默认三维视图、相机视图和漫游视图
🔄 ▾（同步并修改设置）	用于将本地文件与中心服务器上的文件进行同步
▼（定义快速访问工具栏）	用于自定义快速访问工具栏上显示的项目。要启用或禁用项目，请在"自定义快速访问工具栏"下拉列表上该工具的旁边单击

　　可以自定义快速访问栏中的工具内容，根据自己的需要重新排列顺序。例如，要将在快

速访问栏中创建墙工具，如图 2-9 所示，右击功能区"风管"工具，弹出快捷菜单中选择"添加到快速访问工具栏"即可将墙及其附加工具同时添加至快速访问栏中。使用类似的方式，在快速访问栏中右击任意工具，选择"从快速访问栏中删除"，可以将工具从快速访问栏中移除。

图 2-9

【提示】下文选项卡上的某些工具无法添加到快速访问工具栏中，例如修改选择"楼板"时在上下文选项卡中的"编辑子图元"工具。

快速访问工具栏可能会显示在功能区下方。在快速访问工具栏上单击"自定义快速访问工具栏"下列菜单"在功能区下方显示"。如图 2-10 所示。

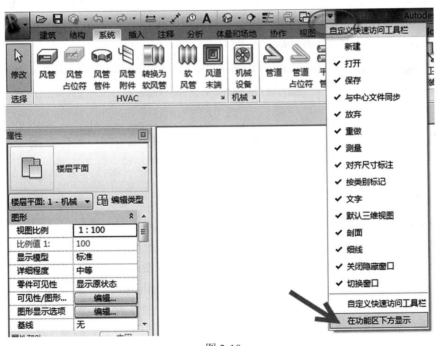

图 2-10

单击"自定义快速访问工具栏"下列菜单，在列表中选择"自定义快速访问栏"选项，将弹出如图 2-11 所示的"自定义快速访问工具栏"对话框。使用该对话框，可以重新排列快速访问栏中的工具显示顺序，并根据需要添加分隔线。勾选该对话框中的"在功能区下方显示快速访问工具栏"选项也可以修改快速访问栏的位置。

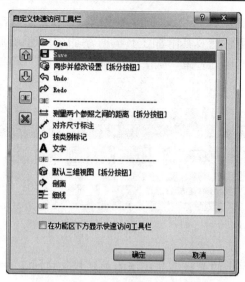

图 2-11

2.1.4　选项栏

选项栏默认位于功能区下方。用于设置当前正在执行的操作的细节设置。选项栏的内容比较类似于 AutoCAD 的命令提示行，其内容因当前所执行的工具或所选图元的不同而不同。如图 2-12 所示，为使用墙工具时，选项栏的设置内容。

图 2-12

可以根据要将选项栏移动到 Revit 窗口的底部，在选项栏上右击，然后选择"固定在底部"选项即可。

2.1.5　项目浏览器

项目浏览器用于组织和管理当前项目中包括的所有信息。包括项目中所有视图、明细表、图纸、族、组、链接的 Revit 模型等项目资源。Revit 按逻辑层次关系组织这些项目资源，方便用户管理。展开和折叠各分支时，将显示下一层集的内容。如图 2-13 所示，为项目浏览器中包含的项目内容。项目浏览器中，项目类别前显示" "表示该类别中还包括其它子类别项目。在 Revit 中进行项目设计时，最常用的操作就是利用项目浏览器在各视图中切换。

在 Revit 中，可以在"项目浏览器"对话框任意栏目名称上右击，在弹出右键菜单中选择"搜索"选项，打开"在项目浏览器中搜索"对话框，如图 2-14 所示。可以使用该对话框在项目浏览器中对视图、族及族类型名称进行查找定位。

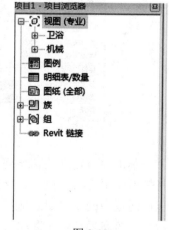

图 2-13

在项目浏览器中，右击第一行"视图(全部)"，在弹出右键快捷菜单中选择"类型属性"选项，将打开项目浏览器的"类型属性"对话框，如图 2-15 所示。可以自定义项目视图的组织方式，包括排序方法和显示条件过滤器。

图 2-14　　　　　　　　　　　　　　　图 2-15

2.1.6　"属性"面板

"属性"选项板可以查看和修改用来定义 Revit 中图元实例属性的参数。属性面板各部分的功能如图 2-16 所示。

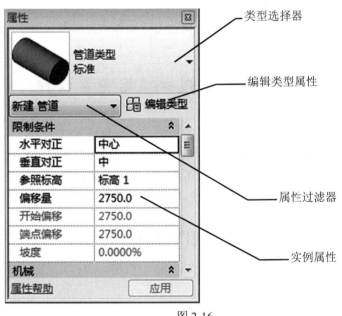

图 2-16

在任何情况下，按快捷键 Ctrl+1，均可打开或关闭属性面板。还可以选择任意图元，单击下文关联选项卡中"属性"按钮；或在绘图区域中右击，在弹出的快捷菜单中选择"属性"选项将其打开。可以将该选项板固定到 Revit 窗口的任一侧，也可以将其拖拽到绘图区域的任意位置成为浮动面板。

当选择图元对象时，属性面板将显示当前所选择对象的实例属性；如果未选择任何图元，则选项板上将显示活动视图的属性。

2.1.7　绘图区域

Revit 窗口中的绘图区域显示当前项目的楼层平面视图以及图纸和明细表视图。在 Revit 中每当切换至新视图时，都将在绘图区域创建新的视图窗口，且保留所有已打开的其他视图。

默认情况下，绘图区域的背景颜色为白色。在"选项"对话框"图形"选项卡中，可以设置视图中的绘图区域背景反转为黑色。如图 2-17 所示，使用"视图"选项卡"窗口"面板中的平铺、层叠工具，并可设置所有已打开视图排列方式为平铺、层叠等。

图 2-17

2.1.8　视图控制栏

在楼层平面视图和三维视图中，绘图区各视图窗口底部均会出现视图控制栏，如图 2-18 所示。

图 2-18

通过控制栏，可以快速访问影响当前视图的功能，其中包括下列 12 个功能：比例、详细程度、视觉样式、打开/关闭日光路径、打开/关闭阴影、显示/隐藏渲染对话框、裁剪视图、显示/隐藏裁剪区域、解锁/锁定三维视图、临时隔离/隐藏、显示隐藏的图元、分析模型的可见性。在第 2.2.3 节中将详细介绍视图控制栏中各项工具的使用。

2.2　视图控制

2.2.1　项目视图种类

Revit 视图有很多种形式，每种视图类型都有特定用途，视图不同于 CAD 绘制的图纸，他是 Revit 项目中 BIM 模型根据不同的规则显示的投影。

常用的视图有平面视图、立面视图、剖面视图、详图索引视图、三维视图、图例视图、明细表视图等。同一项目可以有任意多个视图，例如，对于 F1 标高，可以根据需要创建任意数量的楼层平面视图，用于表现不同的功能要求，如 F1 梁布置视图、F1 柱布置视图、F1 房间功能视图、F1 建筑平面图等。所有视图均根据模型剖切投影生成。

如图 2-19 所示，Revit 在"视图"选项卡"创建"面板中提供了创建各种视图的工具，也可以在项目浏览器中根据需要创建不同视图类型。

图 2-19

接下来，将对各类视图进行详细的说明。

1．楼层平面视图及天花板平面

楼层/结构平面视图及天花板视图是沿项目水平方向，按指定的标高偏移位置剖切项目生成的视图。大多数项目至少包含一个楼层/结构平面。楼层/结构平面视图在创建项目标高时默认可以自动创建对应的楼层平面视图（建筑样板创建的是楼层平面，结构样板创建的是结构平面）；在立面中，已创建的楼层平面视图的标高标头显示为蓝色，无平面关联的标高标头是黑色。除使用项目浏览器外，在立面中可以通过双击蓝色标高标头进入对应的楼层平面视图；使用"视图"选项卡"创建"面板中的"平面视图"工具可以手动创建楼层平面视图。

在楼层平面视图中，当不选择任何图元时，"属性"面板将显示当前视图的属性。在"属性"面板中单击"视图范围"后的编辑按钮，将打开"视图范围"对话框，如图 2-20 所示。在该对话框中，可以定义视图的剖切位置以及剖切深度。

图 2-20

该对话框中，各主要功能介绍如下。

● 视图主要范围

每个平面视图都具有"视图范围"视图属性，该属性也称为可见范围。视图范围是用于控制视图中模型对象的可见性和外观的一组水平平面，分别称"顶部平面"、"剖切面"和"底部平面"。"顶部平面"和"底部平面"用于制定视图范围最顶部和底部位置，"剖切面"是确定剖切高度的平面，这 3 个平面用于定义视图范围的"主要范围"。

● 视图深度范围

"视图深度"是视图范围外的附加平面，可以设置视图深度的标高，以显示位于底裁剪平面之下的图元，默认情况下该标高与底部重合。"主要范围"的底不能超过"视图深度"设

置的范围。如图 2-21 所示，各深度范围图解：顶部 ①、剖切面②、底部 ③、偏移量④、主
要范围⑤ 和视图深度⑥。

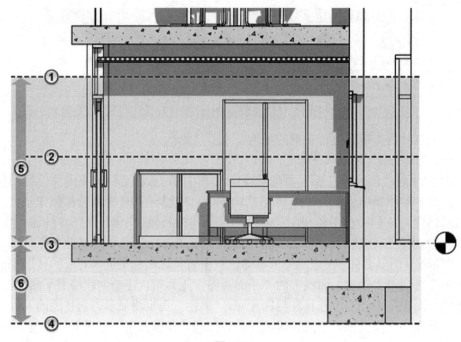

图 2-21

● 视图范围内图元样式设置

Revit 对于主要视图范围和视图深度范围内的图元采用不同的显示方式，以满足不同用途
视图的表达要求。

"主要视图范围"内可见但未被视图剖切面剖切的图元，将以投影的方式显示在视图中。
可以通过单击"视图"选项卡"图形"面板中"可见性/图形"工具，打开"可见性/图形替换"
对话框，如图 2-22 所示，在"可见性/图形替换"对话框"模型"选项卡中，通过设置"投影
/表面"类别中线、填充图案等，可控制各类别图元在视图中的投影显示样式。

"主要视图范围"内可见且被视图剖切面剖切的图元，如果该图元类别允许被剖切（例
如墙、门窗等图元），图元将以截面的方式显示在视图中。可以通过"可见性/图形"工具，打
开"可见性/图形替换"对话框，在该对话框"模型"选项卡中通过设置"截面"类别内的线、
填充图案等，控制各类别图元在视图中的截面显示样式。

注意，在 Revit 中卫浴装置、机械设备类别的图元，如马桶、消防水泵、消防水箱等，由
于该图元类别被定义为不可被剖切，因此，即使这类图元被视图剖切面剖切，Revit 仍然以投
影的方式显示该图元。

"深度范围"附加视图深度中的图元将投影显示在当前视图中，并以<超出>线样式绘制
位于"深度范围"内图元的投影轮廓。可以在"可见性/图形替换"对话框"模型"选项卡中
展开"线"类别，并在该子类别中找到查看<超出>线样式，注意该子类别在"可见性/图形替
换"对话框中不可编辑和修改。在"管理"选项卡"设置"面板"其它设置"下拉列表中，
单击"线样式"，可以在打开的"线样式"对话框中，对其<超出>线样式进行详细设置。

图 2-22

天花板视图与楼层平面视图类似，同样沿水平方向指定标高位置对模型进行剖切生成投影。但天花板视图与楼层平面视图观察的方向相反：天花板视图为从剖切面的位置向上查看模形进行投影显示，而楼层平面视图为从剖切面位置向下查看模型进行投影显示。如图 2-23 所示，为天花板平面的视图范围定义。

图 2-23

2．立面视图

立面视图是项目模型在立面方向上的投影视图。在 Revit 中，默认每个项目将包含东、西、南、北 4 个立面视图，并在楼层平面视图中显示立面视图符号 ⊙ 。双击平面视图中立面标记中黑色小三角，会直接进入立面视图。Revit 允许用户在楼层平面视图或天花板视图中创建任意立面视图。

3．剖面视图

剖面视图允许用户在平面、立面或详图视图中通过在指定位置绘制剖面符号线，在该位置对模型进行剖切，并根据剖面视图的剖切和投影方向生成模型投影。剖面视图具有明确的剖切范围，单击剖面标头即将显示剖切深度范围，可以通过鼠标自由拖曳。

4．详图索引视图

当需要对模型的局部细节进行放大显示时，可以使用详图索引视图。可向平面视图、剖面视图、详图视图或立面视图中添加详图索引，这个创建详图索引的视图，被称之为"父视图"。在详图索引范围内的模型部分，将以详图索引视图中设置的比例显示在独立的视图中。详图索引视图显示父视图中某一部分的放大版本，且所显示的内容与原模型关联。

绘制详图索引的视图是该详图索引视图的父视图。如果删除父视图，则将删除该详图索引视图。

5．三维视图

使用三维视图，可以直观查看模型的状态。Revit 中三维视图分两种：正交三维视图和透视图。在正交三维视图中，不管相机距离的远近，所有构件的大小均相同，可以单击快速访问栏"默认三维视图"图标 直接进入默认三维视图，可以配合使用 Shift 键和鼠标中键根据需要灵活调整视图角度。如图 2-24 所示。

如图 2-25 所示，使用"视图"选项卡"创建"面板"默认三维视图"下拉列表中"相机"工具，通过指定相机的位置和目标的位置，可以创建自定义的相机视图。相机视图默认将以透视方式显示。在透视三维视图中，越远的构件显示得越小，越近的构件显示得越大，这种视图更符合人眼的观察视角。

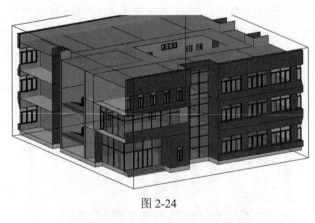

图 2-24

图 2-25

2.2.2　视图基本操作

可以通过鼠标、ViewCube 和视图导航来实现对 Revit 视图进行平移、缩放等操作。在平面、立面或三维视图中，通过滚动鼠标可以对视图进行缩放；按住鼠标中键并拖动，可以实现视图的平移。在默认三维视图中，按住键盘 Shift 键并按住鼠标中键拖动鼠标，可以实现对三维视图的旋转。注意，视图旋转仅对三维视图有效。

在三维视图中，Revit 还提供了 ViewCube，用于实现对三维视图的进控制。

ViewCube 默认位于屏幕右上方。如图 2-26 所示。通过单击 ViewCube 的面、顶点、或边，可以在模型的各立面、等轴测视图间进行切换。按住鼠标左键并拖曳 ViewCube 下方的圆环指南针，还可以修改三维视图的方向为任意方向，其作用与按住键盘 Shift 键和鼠标中键并拖拽的效果类似。

图 2-26

为更加灵活的进行视图缩放控制，Revit 提供了"导航栏"工具条。如图 2-27 所示。默认情况下，导航栏位于视图右侧 ViewCube 下方。在任意视图中，都可通过导航栏对视图进行控制。

导航栏主要提供两类工具：视图平移查看工具和视图缩放工具。单击导航栏中上方第一个圆盘图标，将进入全导航控制盘控制模式，如图 2-28 所示，导航控制盘将跟随鼠标指针的移动而移动。全导航盘中提供缩放、平移、动态观察（视图旋转）等命令，移动鼠标指针至导航盘中命令位置，按住左键不动即可执行相应的操作。

图 2-27

图 2-28

【快捷键】显示或隐藏导航盘的快捷键为 Shift+W 键。

导航栏中提供的另外一个工具为"缩放"工具，单击缩放工具下拉列表，可以查看 Revit 提供的缩放选项。如图 2-29 所示。在实际操作中，最常使用的缩放工具为"区域放大"，使用该缩放命令时，Revit 允许用户绘制任意的范围窗口区域，将该区域范围内的图元放大至充满视口显示。

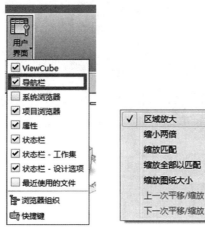

激活导航栏

图 2-29

【快捷键】区域放大的键盘快捷键为 ZR。

任何时候使用视图控制栏缩放列表中"缩放全部以匹配"选项，都可以将缩放显示当前视图中全部图元。在 Revit 中，双击鼠标中键，也会执行该操作。

用于修改窗口中的可视区域。单击下拉箭头，勾选下拉列表中的缩放模式，就能实现缩放。

【快捷键】缩放全部以匹配的默认快捷键为 ZF。

除对视口中进行缩放、平移、旋转外，还可以对视图窗口进行控制。前面已经介绍过，在项目浏览器中切换视图时，Revit 将创建新的视图窗口。可以对这些已打开的视图窗口进行控制。如图 2-30 所示，在"视图"选项卡"窗口"面板中提供了"平铺"、"切换窗口"、"关闭隐藏对象"等窗口操作命令。

使用"平铺"，可以同时查看所有已打开的视图窗口，各窗口将以合适的大小并列显示。在非常多的视图中进行切换时，Revit 将打开非常多的视图。这些视图将占用大量的计算机内存资源，造成系统运行效率下降。可以使用"关闭隐藏对象"命令一次性关闭所有隐藏的视图，节省项目消耗系统资源。注意"关闭隐藏对象"工具不能在平铺、层叠视图模式下使用。切换窗口工具用于在多个已打开的视图窗口间进行切换。

图 2-30

【快捷键】窗口平铺的默认快捷键为 WT；窗口层叠的快捷键为 WC。

2.2.3　视图显示及样式

通过视图控制栏，可以对视图中的图元进行显示控制。如图 2-31 所示，视图控制栏从左至右分别为：视图比例、视图详细程度、视觉样式、打开/关闭日光路径、阴影、渲染（仅三维视图）、视图裁剪控制、视图显示控制选项。注意由于在 Revit 中各视图均采用独立的窗口显示，因此，在任何视图中进行视图控制栏的设置，均不会影响其它视图的设置。

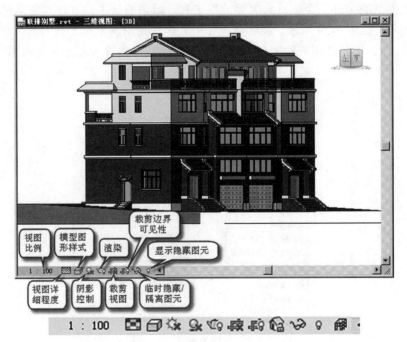

图 2-31

1．比例

视图比例用于控制模型尺寸与当前视图显示之前的关系。如图 2-32 所示，单击视图控制栏"视图比例"按钮，在比例列表中选择比例值即可修改当前视图的比例。注意无论视图比例如何调整，均不会修改模型的实际尺寸。仅会影响当前视图中添加的文字、尺寸标注等注释信息的相对大小。Revit 允许为项目中的每个视图指定不同比例，也可以创建自定义视图比例。

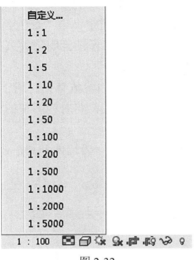

图 2-32

2．详细程度

Revit 提供了三种视图详细程度：粗略、中等、精细。Revit 中的图元可以在族中定义在不同视图详细程度模式下要显示的模型。如图 2-33 所示，在门族中分别定义"粗略"、"中等"、"精细"模式下图元的表现。Revit 通过视图详细程度控制同一图元在不同状态下的显示，以满足出图的要求。例如在平面布置图中，平面视图中的窗可以显示为四条线；但在窗安装大样中，平面视图中的窗将显示为真实的窗截面。

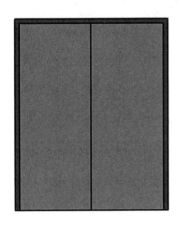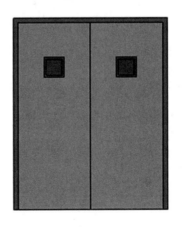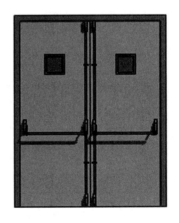

图 2-33

3．视觉样式

视觉样式用于控制模型在视图中显示方式。如图 2-34 所示，Revit 提供了 6 种显示视觉样式："线框"、"隐藏线"、"着色"、"一致的颜色"、"真实"、"光线追踪"。显示效果由逐渐增强，但所需要系统资源也越来越大。一般平面或剖面施工图可设置为线框或隐藏线模式，这样系统消耗资源较小，项目运行较快。

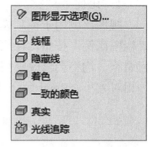

图 2-34

线框模式是显示效果最差但速度最快的一种显示模式。"隐藏线"模式下，图元将做遮挡计算，但并不显示图元的材质颜色；"着色"模式和"一致的颜色"模式都将显示对象材质定义中"着色颜色"中定义的色彩，"着色模式"将根据光线设置显示图元明暗关系；"一致的颜色"模式下，图元将不显示明暗关系。

"真实"模式和材质定义中"外观"选项参数有关，用于显示图元渲染时的材质纹理。光线追踪模式是 Revit 2013 新增加的视觉样式，将对视图中的模型进行实时渲染，效果最佳，但将消耗大量的计算机资源。

如图 2-35 所示，为在默认三维视图中同一段墙体分别在线框、隐藏线和着色不同模式下的不同表现。

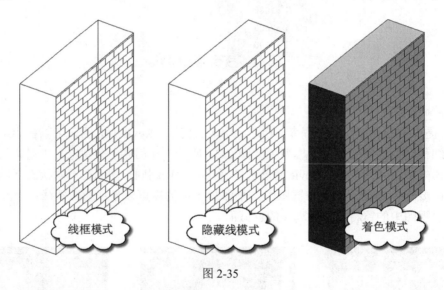

图 2-35

4．打开/关闭日光路径、打开/关闭阴影

在视图中，可以通过打开/关闭阴影开关在视图中显示模型的光照阴影，增强模型的表现力。在日光路径里面按钮中，还可以对日光进行详细设置。

5．裁剪视图、显示/隐藏裁剪区域

视图裁剪区域定义了视图中用于显示项目的范围，由两个工具组成：是否启用裁剪及是否显示剪裁区域。可以单击"显示裁剪区域"按钮在视图中显示裁剪区域，再通过启用裁剪按钮将视图剪裁功能启用，通过拖曳裁剪边界。对视图进行裁剪。裁剪后，裁剪框外的图元不显示。

6．临时隔离/隐藏选项和显示隐藏的图元选项

在视图中可以根据需要临时隐藏任意图元。如图 2-36 所示，选择图元后，单击临时隐藏或隔离图元(或图元类别)命令👓，将弹出隐藏或隔离图元选项。可以分别对所选择图元进行隐

藏和隔离。其中隐藏图元选项将隐藏所选图元；隔离图元选项将在视图隐藏所有未被选定的图元。可以根据图元（所有选择的图元对象）或类别（所有与被选择的图元对象属于同一类别的图元）的方式对图元的隐藏或隔离进行控制。

图 2-36

所谓临时隐藏图元是指当关闭项目后，重新打开项目时被隐藏的图元将恢复显示。视图中临时隐藏或隔离图元后，视图周边将显示蓝色边框。此时，再次单击隐藏或隔离图元命令，可以选择"重设临时隐藏/隔离"选项恢复被隐藏的图元。或选择"将隐藏/隔离应用到视图"选项，此时视图周边蓝色边框消失，将永久隐藏不可见图元，即无论任何时候，图元都将不再显示。

要查看项目中隐藏的图元，如图 2-37 所示，可以单击视图控制栏中显示隐藏的图元命令。Revit 会将显示彩色边框，所有被隐藏的图元均会显示为亮红色。

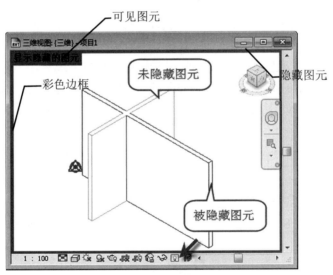

图 2-37

如图 2-38 所示，单击选择被隐藏的图元，单击"显示隐藏的图元"面板中"取消隐藏图元"选项可以恢复图元在视图中的显示。注意恢复图元显示后，务必单击"切换显示隐藏图元模式"按钮或再次单击视图控制栏"显示隐藏图元"按钮返回正常显示模式。

图 2-38

【提示】也可以在选择隐藏的图元后右击，在出现菜单中选择"取消在视图中隐藏"子菜单中"按图元"，取消图元的隐藏。

7．显示/隐藏渲染对话框（仅三维视图才可使用）

单击该按钮，将打开渲染对话框，以便对渲染质量、光照等进行详细的设置。Revit 采用 Mental Ray 渲染器进行渲染。本书第 11 章中，将详细介绍如何在 Revit 中进行渲染。读者可以参考该章节的相关内容。

8．解锁/锁定三维视图（仅三维视图才可使用）

如果需要在三维视图中进行三维尺寸标注及添加文字注释信息，需要先锁定三维视图。单击该工具将创建新的锁定三维视图。锁定的三维视图不能旋转，但可以平移和缩放。在创建三维详图大样时，将使用该方式。

9．分析模型的可见性

临时仅显示分析模型类别：结构图元的分析线会显示一个临时视图模式，隐藏项目视图中的物理模型并仅显示分析模型类别，这是一种临时状态，并不会随项目一起保存，清除此选项则退出临时分析模型视图。

2.3　图元基本操作

2.3.1　图元选择

在 Revit 中，要对图元进行修改和编辑，必须选择图元。在 Revit 中可以使用 3 种方式进行图元的选择，即单击选择、框选和按过滤器选择。

1．单击选择

移动光标至任意图元上，Revit 将高亮显示该图元并在状态栏中显示有关该图元的信息，单击将选择被高亮显示的图元。在选择时如果多个图元彼此重叠，可以移动光标至图元位置，循环按键盘 Tab 键，Revit 将循环高亮预览显示各图元，当要选择的图元高亮显示后单击将选择该图元。

【提示】按 Shift+Tab 键可以按相反的顺序循环切换图元。

如图 2-39 所示。要选择多个图元，可以按住键盘 Ctrl 键后，再次单击要添加到选择集中的图元；如果按住键盘 Shift 键单击已选择的图元，将从选择集中取消该图元的选择。

图 2-39

Revit 中，当选择多个图元时，可以将当前选择的图元选择集进行保存，保存后的选择集可以随时被调用。如图 2-40 所示，选择多个图元后，单击"选择"面板中"保存"按钮，即可弹出"保存选择"对话框，输入选择集的名称，即可保存该选择集。要调用已保存的选择集，单击"管理"选项卡"选择"面板中的"载入"按钮，将弹出"恢复过滤器"对话框，在列表中选择已保存的选择集名称即可。

图 2-40

2．框选

将光标放在要选择的图元一侧，并对角拖曳光标以形成矩形边界，可以绘制选择范围框。当从左至右拖曳光标绘制范围框时，将生成实线范围框。被实线范围框全部位包围的图元才能选中；当从右至左拖曳光标绘制范围框时，将生成虚线范围框，所有被完全包围和与范围框边界相交的图元均可被选中，如图 2-41 所示。

选择多个图元时，在状态栏过滤器 ▼:4 中能查看到图元种类；或者在过滤器中，取消部分图元的选择。

3．特性选择

单击图元，选中后高亮显示；再在图元上右击，用"选择全部实例"工具，在项目或视图中选择某一图元或族类型的所有实例。有公共端点的图元，在连接的构件上右击，然后单击"选择连接的图元"，能把这些同端点链接图元一起选中，如图 2-42 所示。

图 2-41

图 2-42

2.3.2　图元编辑

如图 2-43 所示，在修改面板中，Revit 提供了修改、移动、复制、镜像、旋转等命令，利用这些命令可以对图元进行编辑和修改操作。

图 2-43

移动 ✛：能将一个或多个图元从一个位置移动到另一个位置。移动的时候，可以选择图元上某点或某线来移动，也可以在空白处随意移动。

【快捷键】移动命令的默认快捷键为 MV。

复制 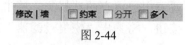：可复制一个或多个选定图元，并生成副本。点选图元，使用复制命令时，选项栏如图 2-44 所示。可以通过勾选"多个"选项进实现连续复制图元。

图 2-44

【快捷键】复制命令的默认快捷键为 CO。

阵列复制 ：用于创建一个或多个相同图元的线性阵列或半径阵列。在族中使用阵列命令，可以方便的控制阵列图元的数量和间距，如百叶窗的百叶数量和间距。阵列后的图元会自动成组，如果要修改阵列后的图元，需进入编辑组命令，然后才能对成组图元进行修改。

【快捷键】阵列复制命令的默认快捷键为 AR。

对齐 ：将一个或多个图元与选定位置对齐。如图 2-45 所示，使用对齐工具时，要求先单击选择对齐的目标位置，再单击选择要移动的对象图元，让你选择的对象将自动对齐至目标位置。对齐工具可以任意的图元或参照平面为目标，在选择墙对象图元时，还可以在选项栏中指定首选的参照墙的位置；要将多个对象对齐至目标位置，勾选在选项栏中"多重对齐"选项即可。

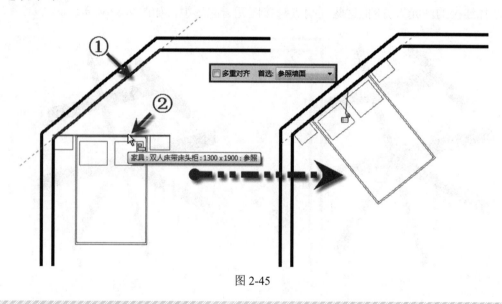

图 2-45

【提示】在使用"对齐"工具时，按住键盘 Ctrl 键，将自动进入"多重对齐"模式。

【快捷键】对齐工具的默认快捷键为 AL。

旋转 ：使用"旋转"工具可使图元绕指定轴旋转。默认旋转中心位于图元中心，如图 2-46 所示，移动光标至旋转中心标记位置，按住鼠标左键不放将其拖拽至新的位置松开鼠标左键，可设置旋转中心的位置。然后单击确定起点旋转角边，再确定终点旋转角边，就能确定图元旋转后的位置。在执行旋转命令时，可以勾选选项栏中"复制"选项可在旋转时创建所选图元的副本，而在原来位置上保留原始对象。

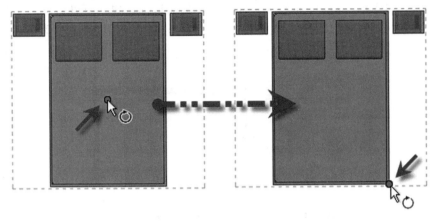

图 2-46

【快捷键】旋转命令的默认快捷键为 RO。

偏移 ：使用偏移工具可以生成与所选择的模型线、详图线、墙或梁等图元进行复制或在与其长度垂直的方向移动指定的距离。如图 2-47 所示，可以在选项栏中指定拖曳图形方式或输入距离数值方式来偏移图元。不勾选复制时，生成偏移后的图元时将删除原图元（相当于移动图元）。

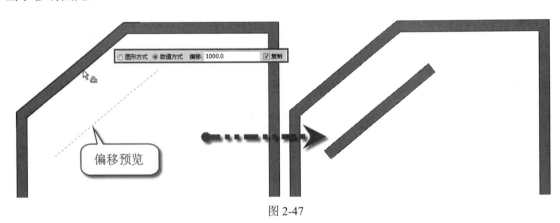

图 2-47

【快捷键】偏移命令的默认快捷键为 OF。

镜像 ：“镜像”工具使用一条线作为镜像轴，对所选模型图元执行镜像（反转其位置）。确定镜像轴时，即可以拾取已有图元作为镜像轴，也可以绘制临时轴。通过选项栏，可以确定镜像操作时是否需要复制原对象。

修剪和延伸：如图 2-48 所示，修剪和延伸共有三个工具，从左至右分别为修剪/延伸为角，单个图元修剪和多个图元修剪工具。

【快捷键】修剪命延伸为角命令的默认快捷键为 TR。

如图 2-49 所示，使用“修剪”和“延伸”工具时必须先选择修剪或延伸的目标位置，再选择要修剪或延伸的对象即可。对于多个图元的修剪工具，可以在选择目标后，

图 2-48

多次选择要修改的图元，这些图元都将延伸至所选择的目标位置。可以将这些工具用于墙、线、梁或支撑等图元的编辑。对于 MEP 中的管线，也可以使用这些工具进行编辑和修改。

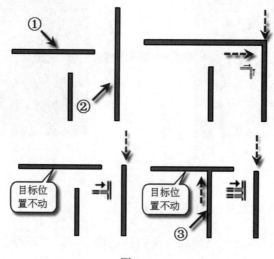

图 2-49

【提示】在修剪或延伸编辑时，单击拾取的图元位置将被保留。

拆分图元 ![] ![] ：拆分工具有两种使用方法即拆分图元和用间隙拆分，通过"拆分"工具，可将图元分割为两个单独的部分，可删除两个拾取点之间的线段，也可在两面墙之间创建定义的间隙。

删除图元 ![] ："删除"工具可将选定图元从绘图中删除，和用 Delete 命令直接删除效果一样。

【快捷键】删除命令的默认快捷键为 DE。

2.3.3　图元限制及临时尺寸

1. 应用尺寸标注的限制条件

在放置永久性尺寸标注时，可以锁定这些尺寸标注。锁定尺寸标注时，即创建了限制条件。选择限制条件的参照时，会显示该限制条件（虚线），如图 2-50 所示。

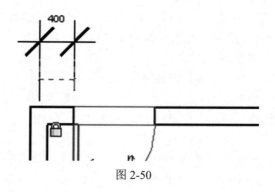

图 2-50

2．相等限制条件

选择一个多段尺寸标注时，相等限制条件会在尺寸标注线附近显示为一个 EQ 符号。如果选择尺寸标注线的一个参照（如墙），则会出现 EQ 符号，在参照的中间会出现一条虚线，如图 2-51 所示。

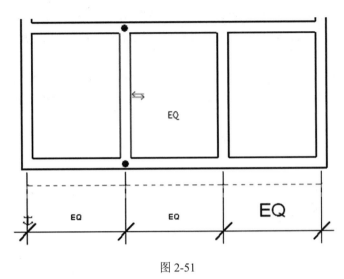

图 2-51

EQ 符号表示应用于尺寸标注参照的相等限制条件图元。当此限制条件处于活动状态时，参照（以图形表示的墙）之间会保持相等的距离。如果选择其中一面墙并移动它，则所有墙都将随之移动一段固定的距离。

3．临时尺寸

临时尺寸标注是相对最近的垂直构件进行创建的，并按照设置值进行递增。点选项目中的图元，图元周围就会出现蓝色的临时尺寸，修改尺寸上的数值，就可以修改图元位置。可以通过移动尺寸界线来修改临时尺寸标注，以参照所需构件，如图 2-52 所示。

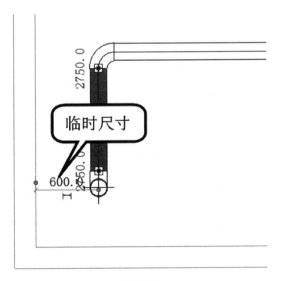

图 2-52

单击在临时尺寸标注附近出现的尺寸标注符号 ⊢┤ 后即可修改新尺寸标注的属性和类型。

2.4　本章小结

　　本章详细阐述了如何用鼠标配合键盘控制视图的浏览、缩放、旋转、等基本功能以及对图元的复制，移动，对齐，阵列的基本编辑操作；还介绍了通过尺寸标注来约束图元及临时尺寸标注修改图元位置。

　　这些内容都是 Revit 操作的基础，只有通过操作掌握基本的操作后，才能更加灵活的操作软件，创建和编辑各种复杂的模型。在本书后续章节中，还会通过实际操作讲解这些基本编辑工具的使用。

第 3 章　项目前的准备

本章提要：
➤　了解教学楼项目概况
➤　熟悉教学楼机电项目设置的目的与要求
➤　熟悉教学楼机电项目的平面图纸与立面图纸

从本章开始，将通过在 Revit 中进行操作，以教学楼项目为基础，从零开始在 Revit 中进行模型的创建。在进行模型创建之前，通过本章内容，读者应对教学楼机电项目的基本情况进行了解。

3.1　项目概况介绍

3.1.1　教学楼项目概况

教学楼项目共三层，每层建筑面积 826m^2，总建筑面积 2478m^2。

工程名称：教学楼

建筑面积：2478m^2

建筑层数：地上 3 层

建筑高度：13.500m

建筑的耐火等级为二级，设计使用年限为 50 年。

屋面防水等级为二级。

建筑结构为钢筋混凝土框架结构，抗震设防烈度为Ⅶ度，结构安全等级为二级。

3.1.2　教学楼机电项目概况

本项目的机电工程主要有给水、排水、消防和雨水。

1）给水系统：本项目总的设计用水量为最高日用水量 130m^3/d，最大小时用水量 18m^3/d，给水均由市政给水管网直接供给。

2）排水系统：本项目总的最高日污水排放量为 117m^3/d，教学楼的生活污水有组织排放，底层污水单独排出，污水排入原校区污水检查井。

3）消防系统：本教学楼设有室内消火栓环网，设计有两个接口与整个学校的室内消火栓环网相连。该教学楼建筑高度为 12.90m，室内消火栓消防用水量为 15L/s，室外消火栓消防用水量为 25L/s，火灾延续时间为 2 小时。

4）雨水系统：屋面雨水排水的设计重现期取 50 年，室外雨水设计重现期取 3 年。屋面雨水采用外排水方式，内廊雨水管和空调冷凝水管分别单独设置，排放至室外散水。场地雨水经雨水口收集后排入校区雨水检查井。

3.2 项目目的与要求

3.2.1 管道材料

1）给水管管径 DN≥50mm 时采用孔网钢带塑料给水管，电热熔连接；管径 DN<50mm 时采用 PP—R 塑料给水管，热熔连接，管道公称压力 0.60MPa。

2）室内污水管、阳台雨水管采用 PVC—U 塑料排水管粘接连接。室外污水管、雨水管采用 PVC—U 双壁波纹管，弹性密封圈连接，管道环刚度 S1≥8kN/m²。

3）连接卫生装置的排水管，当管径 DN<50mm 时，采用铜镀铬成品排水配件。

4）室内消火栓管采用热浸镀锌钢管，管道公称压力为 1.0MPa。当管径 DN<100mm 时，采用丝接；当管径 DN≥50mm 时，采用沟槽式卡箍连接。

3.2.2 阀门及附件

1）当管径 DN＜50mm 时，采用 J11W-16T 型铜质截止阀；当管径 DN≥50mm 时，采用 RVCX-16 型闸阀。但消火栓立管上的阀门均采用 D71X-16 型蝶阀。

2）排气阀采用 ARVX-10 型微量排气阀。

3）卫生间地漏采用防返溢地漏，水封高度不低于 50mm；阳台雨水为无水封地漏。

3.2.3 消防设备和器材

1）消火栓箱（单栓）采用甲型组合式消防柜，详国家标准图集 04S202-20 页。柜体为钢一铝合金材质，内设 SN65 消火栓一支 QZ19 型直流水枪一只，DN65mm 衬胶水带一根（长 25m）。

2）根据《建筑灭火器配置设计规范》（GB50140-2005），本子项的各楼层房间内和走道上均设置灭火器，危险等级为中危险级 A 类火灾，单位灭火级别最大保护面积为 75（m^2`/A），最大保护距离为 20m。组合消防柜的灭火器箱内设四台手提式 ABC 干粉灭火器（灭火剂为磷酸铵盐干粉），每台灭火剂充装量 2kg。

3.2.4 卫生洁具

本工程所选卫生洁具均采用陶瓷制品（注明者除外），品牌由建设单位确定，且应符合《节水型生活用水器具》（CJ 164—2002）行业标准。在选定洁具时，请注意预留孔洞的变化，并配合土建施工及时预留。其中座便器排水口距墙 305mm。

3.2.5 管道敷设

1）所有管道在保证便于安装和检修的前提下，尽量靠墙、柱梁边安装。

2）所有管道在穿钢筋混凝土墙、板和梁时，应与土建施工密切配合预留套管和孔洞，避免事后敲打。

3）PVC－U 排水管道敷设管道上的三通或四通，均为 45°三通或四通、90°斜三通或斜四通；出户管、立管底部转弯处和水平干管转 90°弯处采用两个 45°弯头相连。

　　室内污水立管管径不小于 100mm 时，在穿楼板处设阻火圈。阻火圈为紧贴板底安装。

　　立管检查口中心距地面 1.0m。

　　当层高小于 4m 时，污水立管每层设一个伸缩节；当层高大于 4m 时，每层设两个伸缩节。排水横支管上的合流配件至立管的直线段大于 2.0m 时，应设伸缩节。伸缩节之间的最大距离不得大于 4.0m。伸缩节安装均见国家标准图集 96S406。

　　立管在穿楼面时设钢制套管；穿屋面设钢制防水套管，安装见国标 96S406，均为Ⅱ型安装。卫生间排水支管的坡度均为 2.6%，排水干管的坡度不小于 1%。

　　4）消防给水管道敷设消防给水立管穿楼面时均设钢套管。

3.3　项目平面图纸与立面图纸

　　教学楼机电项目的各层平面主要尺寸如图中所示。在 Revit 中通过模型生成教学楼机电的图纸示意，详细图纸详见光盘"练习文件\第 3 章\图纸"目录下"教学楼项目图纸.pdf"文件。创建模型时，应严格按照图纸的尺寸进行创建。

　　教学楼 1～3 楼卫生间位置给水系统布均采用相同的布置。所有尺寸标注均为管线中心至管线中心的距离。图 3-1 为给排水三维管线。

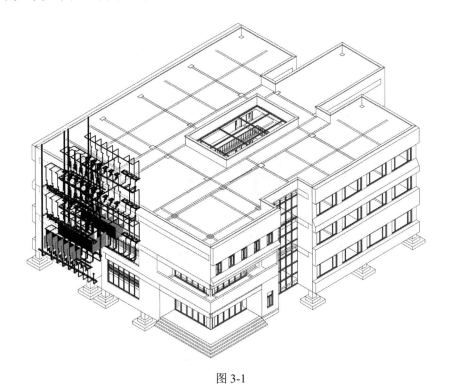

图 3-1

3.3.1　给水系统图纸

　　1）给水平面布置。图 3-2 为一、二、三层给水系统平面图。

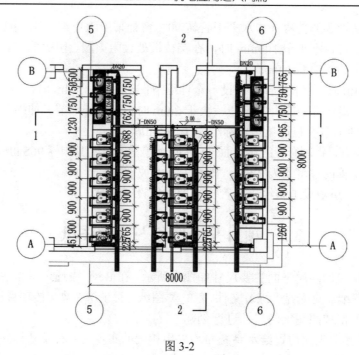

图 3-2

2）剖面图。图 3-3 为 1-1 剖面图，图 3-4 为 2-2 剖面图。

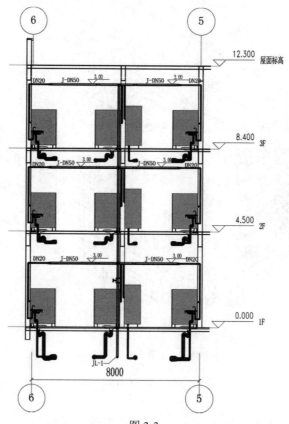

图 3-3

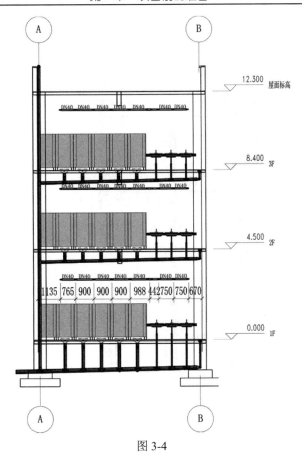

图 3-4

3.3.2　排水系统图纸

1）排水平面布置。图 3-5 为一、二、三层排水系统平面图。

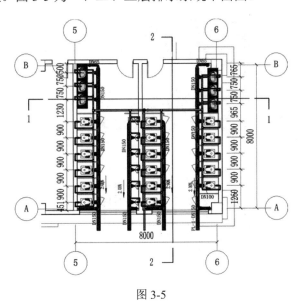

图 3-5

2）剖面图。图 3-6 为 1-1 剖面图，图 3-7 为 2-2 剖面图。

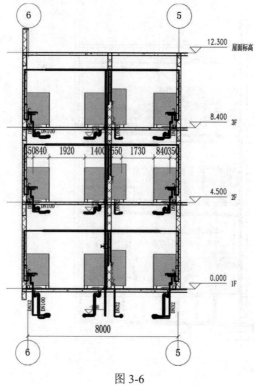

图 3-6

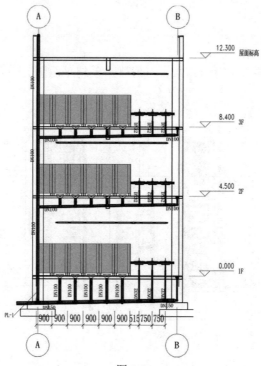

图 3-7

3.3.3　消防系统图纸

1）消防系统平面布置图，如图 3-8 所示。

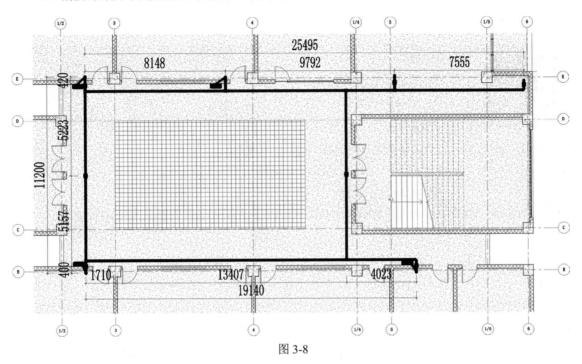

图 3-8

3.4　本章小结

本章主要介绍了该项目机电专业的基本情况，以及用 Revit 创建完成后的管线模型形式。通过软件生成的部分建筑平面图、立面图等，让读者对项目有了初步的了解。在下一章中，将具体介绍如何用 Revit 实现这个项目。

第 4 章　链接模型

本章提要：
- ➤ 熟悉建筑模型的链接
- ➤ 理解标高和轴网的概念
- ➤ 熟悉轴网的尺寸标注方式
- ➤ 熟悉视图规程设置
- ➤ 掌握复制监视创建轴网与标高
- ➤ 掌握手动创建轴网与标高

在机电项目设计过程中，需要与建筑、结构及机电内部各专业间及时沟通设计成果，共享设计信息。如在进行机电设计时，必须参考建筑专业提供的标高和轴网等信息，给排水和暖通专业要提供设备的位置和设计参数给电气专业进行配线设计等，而机电专业则需要提供管线等信息给建筑或结构专业进行管线与梁柱等构件的碰撞。

标高和轴网是设备(水暖电)设计中重要的定位信息，Revit 通过标高和轴网为建筑模型中各构件的空间定位关系。在 Revit 中进行机电项目设计时，必须先确定项目的标高和轴网定位信息，再根据标高和轴网信息建立设备中风管、机械设备、管道、电气设备、照明设备等模型构件。在 Revit 中，可以利用标高和轴网工具手动为项目创建标高和轴网，也可以通过使用链接的方式，链接已有的建筑、结构专业项目文件。

4.1　链接建筑模型

4.1.1　链接的作用

在进行机电专业设计时，一般都会参考已有的土建专业提供的设计数据。Revit 提供了"链接模型"功能，可以帮助设计团队进行高效的协同工作。Revit 中的"链接模型"是指工作组成员在不同专业项目文件中链接由其它专业创建的模型数据文件，从而实现在不同专业间共享设计信息的协同设计方法。这种设计方法的特点是各专业主体文件独立，文件较小，运行速度较快，主体文件可以时时读取链接文件信息以获得链接文件的有关修改通知。注意，被链接的文件无法在主体文件中对其进行直接编辑和修改，以确保在协作过程中各专业间的修改权限。主体文件与被链接文件关系如图 4-1 所示。

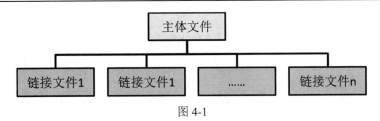

图 4-1

由于被链接的模型属于链接文件，只有将链接模型中的模型转换为当前主体文件中的模型图元，才可以在当前主体文件中使用。Revit 提供了"复制/监视"功能，用于在当前主体文件中复制链接文件中的图元。复制后的图元自动与链接文件中的原图元进行一致性监视，当链接文件中的图元发生变更时，Revit 会自动提示和更新当前主体文件中的图元副本。例如，设备工程师将土建专业已有的文件链接到当前机电项目文件中，并复制土建项目中的标高轴网等信息作为机电设计的基础。建筑模型的更改在机电项目文件中会同步更新，对于链接模型中某些影响协同工作的关键图元，如标高、轴网、墙、卫生器具等，可应用"复制/监视"进行监视，建筑师一旦移动、修改或删除了受监视的图元，设备工程师就会收到通知，以便调整和协同设计。建筑、结构项目文件也可链接机电项目文件，实现三个专业文件互相链接。这种专业项目文件的相互链接也同样适用于各设备专业(给排水、暖通和电气)之间。

4.1.2　链接建筑模型

Revit 项目中可以链接的文件格式有 Revit 文件(RVT)、CAD 文件（DWG、DXF、DGN、SAT 和 SKP）和 DWF 标记文件。本节将重点介绍如何链接 Revit 模型。

要开始机电设计项目，可以通过创建空白项目文件，并在该文件中链接已创建完成的建筑专业模型，作为机电设计的基础。下面以教学楼系统项目样板文件链接建筑模型生成系统设计的主体文件为例，说明链接 Revit 模型的操作方法。为确保被链接的文件正确，建议读者将光盘"练习文件\第 4 章\教学楼项目.rvt"项目文件拷贝至本地硬盘。

1）启动 Revit。在"最近使用的文件"界面中单击"项目"列表中的"新建"按钮，弹出"新建项目"对话框。如图 4-2 所示，在"样板文件"列表中选择"机械样板"，确认创建类型为"项目"，单击"确定"按钮创建空白项目文件。默认将打开标高 1 楼层平面视图。

图 4-2

【提示】单击"应用程序菜单"按钮，单击右下角"选项"按钮，打开"选项"对话框。如图 4-3 所示，在"文件位置"选项中，可以分别设置各样板名称使用的项目样板文件名称。

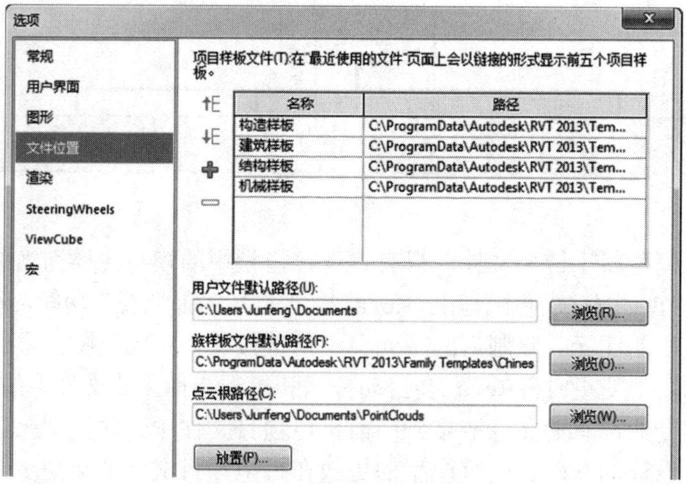

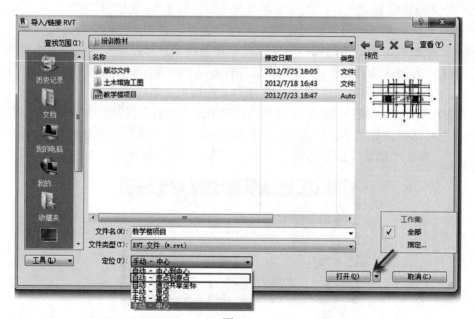

图 4-3

2）单击"插入"选项卡"链接"面板中"链接 Revit"工具，打开"导入/链接 RVT"对话框。如图 4-4 所示，在"导入/链接 RVT"对话框中，浏览至光盘"练习文件\第 4 章\教学楼项目.rvt"项目文件。设置底部"定位"方式为"自动-原点到原点"方式，单击"打开"按钮，在当前项目中载入教学楼项目文件。单击右下角的"打开"按钮，该建筑模型文件将链接到当前项目文件中，且链接模型文件的项目原点自动与当前项目文件的项目原点对齐。链接后，当前的项目将被称之为"主体文件"。

图 4-4

【提示】如果被链接的目标文件中启用了工作集，还可以单击"打开"按钮旁的下拉菜单，在弹出列表中选择需要打开的工作集。工作集属于 Revit 协同工作的高级应用，本书不做详述。

　　模型链接到项目文件中后，在视图中选择链接模型，可以像其它图元一样对链接模型执行拖曳、复制、粘贴、移动和旋转操作。在本操作中，由于链接模型将作为定位信息，因此必须将链接模型锁定以避免被意外移动。

　　3）选中链接模型，自动切换至"修改|RVT 链接"上下文选项卡。如图 4-5 所示，"修改"面板中"锁定"工具，将在链接模型位置出现锁定符号 ⊕ ，表示该链接模型已被锁定。

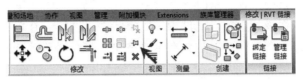

图 4-5

　　【提示】Revit 允许复制、删除被锁定的对象，但不允许移动、旋转被锁定的对象。

　　4）如图 4-6 所示，单击"插入"选项卡"链接"面板中"管理链接"工具，打开"管理链接"对话框。

图 4-6

　　5）如图 4-7 所示，在"管理链接"对话框中，默认将打开 Revit 选项卡。并在该选项卡中列出所有已经链接至当前项目的链接 RVT 项目文件名称、当前状态以及文件路径位置。注意 Revit 在链接文件时，默认将"参照类型"设置为"覆盖"状态。

图 4-7

　　6）当链接文件发生修改时，单击底部"重新载入"按钮，可以重新载入最新状态的链接文件；单击"重新载入来自"按钮可以重新指定所选择链接文件的存储位置；通过"卸载"按钮，可以将已载入的链接文件卸载；如果需要从当前项目中删除链接文件，则单击"删除"按钮。本操作中不修改任何内容，单击"取消"按钮关闭"管理链接"对话框。保存该项目文件，完成本操作。

【提示】卸载链接仅将所选择链接文件中取消加载和显示，它将保留链接文件与主体文件的链接关系；而删除链接文件将链接关系一并删除。

　　在"管理链接"对话框中，可以更进一步设置链接文件的各项目属性以及控制链接文件在当前项目中的显示状态。Revit 中参照文件支持两种不同类型的参照方式：附着型和覆盖型。区别在于如果导入的项目中包含链接时（即嵌套链接），如图 4-8 所示，链接文件中的覆盖型的链接文件将不会显示在当前主项目文件中（与项目 C 中链接的 B 项目参照方式无关）。笔者建议在使用时使用"覆盖"型链接以防止在多次链接时形成循环嵌套。

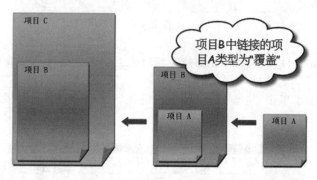

图 4-8

　　Revit 可以记录链接文件的位置的路径类型为相对路径或绝对路径。如果使用相对路径，当将项目和链接文件一起移至新目录中时，链接关系保持不变。Revit 尝试按照链接模型相对于工作目录的位置来查找链接模型。如果使用绝对路径，然后将项目和链接文件一起移至新目录时链接将被破坏。Revit 尝试在指定目录查找链接模型。

　　在"管理链接"对话框中选择参照文件，此时"管理链接"对话框底部各操作按钮变为可用，使用"重新载入来自"按钮可以重新指定参照文件的位置和文件名称；当参照的外部文件发生变更修改时，单击"重新载入"按钮向当前项目中重新载入参照项目中，以保证当前项目显示的参照文件为最新状态；使用"卸载"按钮可以从当前项目中隐藏所选参照文件内容模型，如果希望从当前项目中删除链接文件，单击"删除"按钮即可。

图 4-9

　　在主体项目中链接 Revit 文件后，链接的 Revit 文件将在项目浏览器的"Revit 链接"分支中，如图 4-9 所示。每次重新打开主体项目时，Revit 都会重新加载链接的模型文件，以保障载入最新的链接项目状态。

　　在"导入/链接 RVT"对话框中，Revit 共提供了 6 种"定位"方式：

- 自动—中心到中心：将导入的链接文件的模型中心放置在主体文件的模型中心，Revit 系统中模型的中心是通过查找模型周围的边界框中心来计算的。
- 自动—原点到原点：将导入的链接文件的项目原点放置在主体文件的项目原点。用户进行文件导入时，一般都应该使用这种定位方式。
- 自动通过共享坐标：根据导入的模型相对于两个文件之间共享坐标的位置，放置此导入的链接文件的模型。如果文件之间当前没有共享的坐标系，这个选项不起作用，系统会自动选择"中心到中心"的方式。该选项仅适用于 Revit 文件。

- 手动原点：手动把链接文件的原点放置在主体文件的自定义位置。
- 手动基点：手动把链接文件的基点放置在主体文件的自定义位置。该选项只适用于带有已定义基点的 AutoCAD 文件。
- 手动中心：手动把链接文件的模型中心放置到主体文件的自定义位置。

为确保在多人、多专业中实现各模型的准确定位，建议在链接 Revit 文件时使用"自动—原点到原点"的方式进行链接定位。

4.2　使用复制监视创建轴网与标高

链接后的模型和信息仅可在主体项目中显示。链接模型中的标高、轴网等信息不能作为当前项目的定位信息使用。必须基于链接模型生成当前项目中的标高与轴网图元。Revit 提供了"复制/监视"工具，用于在当前项目中复制创建链接模型中图元，并保持与链接模型中图元协调一致。

4.2.1　复制标高

链接 Revit 项目文件后，当前主体项目中存在两类标高：一类是链接的建筑模型中包含的标高；另一类是当前项目中自带的标高。在教学楼机电项目中，由于采用"机械样板"创建了空白项目，则当前项目中的标高为该样板文件中预设的标高图元。为确保机电项目中标高设置与已链接的"教学楼项目"文件中标高一致，可以使用"复制/监视"功能在当前项目中复制创建"教学楼项目"中的标高图元。在复制链接文件的标高之前，需要先删除当前项目中已有的标高。

1）接上节练习。切换至"南-卫浴"视图。该视图位于"视图"→"卫浴"→"立面（建筑立面）"视图类别下。如图 4-10 所示，该视图中显示了当前项目中项目样板自带的标高以及链接模型文件中标高。

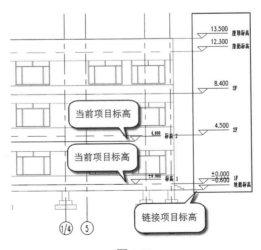

图 4-10

2）单击选择当前项目中标高 1 及标高 2，按 "Delete" 键删除当前项目中所有标高。由于当前项目中包含与所选择标高关联的平面视图，因此在删除标高时会给出如图 4-11 所示警告对话框，提示相关视图将被删除，单击 "确定" 按钮确认该信息。

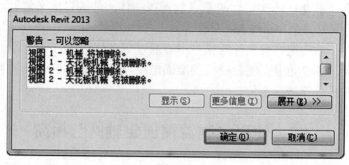

图 4-11

3）如图 4-12 所示单击 "协作" 选项卡 "坐标" 面板中 "复制/监视" 工具下拉列表，在列表中选择 "选择链接" 选项，移动鼠标至链接教学楼项目任意标高位置单击，选择该链接项目文件，进入 "复制/监视" 状态，自动切换至 "复制/监视" 上下文选项卡。

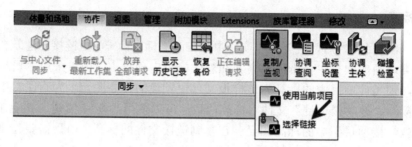

图 4-12

4）如图 4-13 所示，单击 "工具" 面板中 "选项" 工具，打开 "复制/监视选项" 对话框。

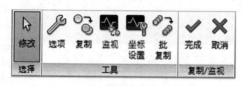

图 4-13

5）如图 4-14 所示，在 "复制/监视选项" 对话框中，包含了被链接的教学楼项目中可以复制到当前项目的构件类别。切换至 "标高" 选项卡，在 "要复制的类别和类型" 中，列举了被链接的项目中包含的标高族类型；在 "新建类型" 中设置复制生成当前项目中的标高时使用的标高类型。分别按图中所示设置新建类型为上标头、下标头以及零三角形。其它参数默认，单击 "确定" 按钮退出 "复制/监视选项" 对话框。

【提示】"复制/监视选项" 对话框中，用于设置链接项目中的族类型与复制后当前项目中采用的族类型的映射关系。

6）如图 4-15 所示，单击"工具"选项卡中"复制"工具，勾选选项栏"多个"选项，配合使用 Ctrl 键，依次单击选择链接模型中所有标高，完成后单击选项栏"完成"按钮，Revit 将在当前项目中复制生成所选择的标高图元。

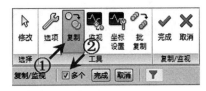

图 4-14　　　　　　　　　　　　　　　图 4-15

7）注意所有生成的标高与链接模型中的标高值和名称均一致。Revit 会在每个标高位置显示监视符号，表示该图元已被监视。

8）单击"复制/监视"面板中"完成"按钮，完成复制监视操作。注意当前项目中，已经生成与链接教学楼项目完全一致的轴网。

接下来，将为生成的标高生成对应的楼层平面视图。

9）如图 4-16 所示，单击"视图"选项卡"创建"面板中"平面视图"工具下拉列表，在列表中选择"楼层平面"工具。打开"新建楼层平面"对话框。

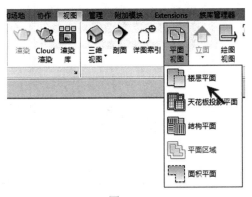

图 4-16

10）在"新建楼层平面"对话框中，确认当前视图类型为"楼层平面"，单击"编辑类型"按钮，打开类型属性对话框。如图 4-17 所示，单击类型参数中"查看应用到新视图的样板"后"机械平面"按钮，弹出"应用视图样板"对话框。确认"视图类型过滤器"设置为"楼层、结构、面积平面",在视图样板名称列表中选择"卫浴平面",单击"确定"按钮返回"类型属性"对话框;再次单击"确定"按钮返回"新建楼层平面"对话框。

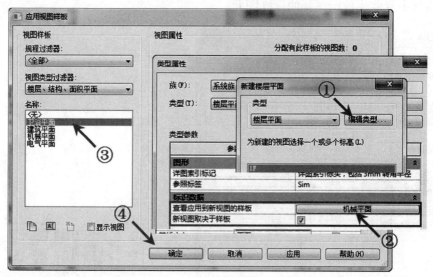

图 4-17

11)如图 4-18 所示,在标高列表中显示了当前项目中所有可用标高名称。配合 Ctrl 键,依次单击选择 1F、2F、3F 和屋面标高,单击"确定"按钮,退出"新建楼层平面"对话框。Revit 将为所选择的视图创楼层平面视图,并自动切换至楼层平面视图中。注意在项目浏览器"卫浴"→"卫浴"视图类别中,再次出现"楼层平面"视图类别。

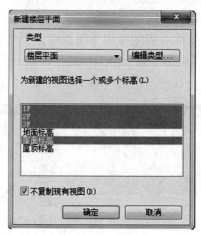

图 4-18

【提示】在"新建楼层平面"对话框中勾选底部"不复制现有视图"选项时,已生成楼层平面视图的标高将不会显示在列表中。

12)切换至 1F 楼层平面视图,注意当前视图中以淡显的方式显示已链接的教学楼项目图元。保存该项目文件,或打开光盘"练习文件\第 4 章\4-2-1.rvt"项目查看最终操作结果。

使用"复制/监视"功能，可以快速将链接项目中的图元复制到当前项目中。且 Revit 会自动保持与原项目中图元一致性检测。当原项目中的图元被修改且当在主体项目中更新链接文件时，Revit 会提示用户是否修改当前主体项目中的对应图元，如图 4-19 所示。

图 4-19

要协调查阅链接模型中修改的图元，可以单击"协作"选项卡"坐标"面板中"协调查阅"工具下拉列表，在列表中选择"选择链接"选项，单击选择链接模型，弹出"协调查阅"对话框，如图 4-20 所示。在该对话框中，可以对发生的变更进行处理。在此不再赘述。

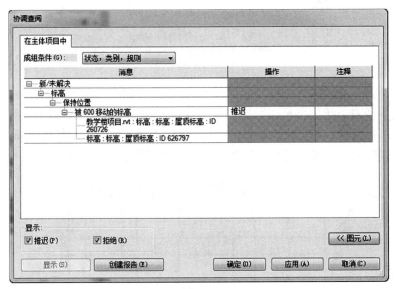

图 4-20

4.2.2 复制轴网

与上节中介绍的复制标高的方式类似，可以在主体项目中使用"复制/监视"工具复制创建与链接文件中完全一致的轴网。

1）接上节练习。切换至卫浴视图类别中 1F 楼层平面视图。在视图中显示了链接教学楼项目中已有的轴网和模型图元。

2）单击"协作"选项卡"坐标"面板中"复制/监视"工具下拉列表，在列表中选择"选择链接"选项。单击视图中已链接的教学楼项目任意图元选择该链接，进入"复制/链接"编辑状态。自动切换至"复制/链接"上下文选项卡。

3）单击"工具"面板中"选项"工具，打开"复制/监视选项"对话框。如图 4-21 所示，切换至"轴网"选项卡，设置轴网"新建类型"均为"6.5mm 编号"轴网类型，其它参数默认。单击"确定"按钮退出"复制/监视选项"对话框。

图 4-21

4）单击"工具"面板中"复制"按钮，确认勾选选项栏中"多个"选项。如图 4-22 所示，移动光标至教学楼右下角位置单击并按住鼠标左键不放，向左上方拖动光标，将绘制虚线矩形选择范围框；直到项目左上角位置松开鼠标左键，Revit 将框选所有与选择范围框相交及完全包围的图元。单击选项栏"过滤器"按钮，打开"过滤器"对话框。

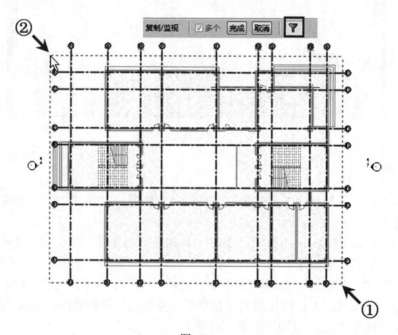

图 4-22

5）如图 4-23 所示，在"过滤器"对话框中，按构件类别的方式列举当前选择集中所有对象类别以及该类别图元的总数量。确认仅选择"轴网"类别，单击"确定"按钮，Revit 将仅保持轴网类别图元处于选择状态。

图 4-23

6）单击选项栏中"完成"按钮，完成轴网的复制。再次单击"复制/监视"面板中"完成"按钮，完成复制/监视编辑。Revit 将以"6.5mm 编号"类型生成与链接文件中完全一致的轴网，并自动监视链接文件中轴网的变化。

【提示】在当前项目中生成的轴网方向取决于链接文件中轴网的绘制方向。

7）打开"管理链接"对话框。切换至"Revit"选项卡，选择"教学楼项目.rvt"链接文件，如图 4-24 所示，单击"卸载"按钮，Revit 给出警告，提示用户所载链接时无法通过撤销操作的方式撤销链接卸载操作；单击"确定"按钮卸载该链接文件。再次单击"确定"按钮退出"管理链接"对话框。

图 4-24

8）注意当前项目中链接的教学楼项目已消失。仅显示当前项目中复制创建的轴网。切换至 2F 楼层平面视图，注意 Revit 已经在该视图中生成了同样的轴网图元。

9）单击选择任意轴网图元，如图 4-25 所示，"属性"面板"类型选择器"中显示了当前轴网的族名称及族类型，并在参数值中显示了当前所选择轴网的名称值。单击"编辑类型"按钮，打开轴网"类型属性"对话框。

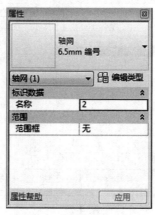

图 4-25

【提示】如果未显示"属性"面板，可以按键盘快捷键 Ctrl+1 打开属性面板。

10）如图 4-26 所示，确认"符号"为"M_轴网标头-圆"，"轴网中段"设置为"连续"，设置"轴线末段宽度"为1；修改"轴线末段颜色"为红色，勾选"平面视图轴号端点 1（默认）"和"平面视图轴号端点 2（默认）"，即在平面视图中默认在轴网两侧均生成轴网标头；设置"非平面视图符号（默认）"值为"底"，即在立面、剖面等非平面视图中，在轴网下方生成轴网标头符号。完成后单击"确定"按钮退出"类型属性"对话框。

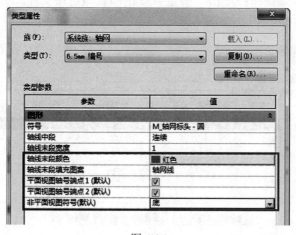

图 4-26

【提示】轴网"类型属性"对话框中"符号"参数用于控制轴网的轴网标头形式。

11）此时 Revit 将按类型属性中的设置重新生成轴网，如图 4-27 所示。由于所有轴网图元均属于"6.5mm 编号"族类型的实例，因此所有轴网图元的显示状态均被修改。切换至其它楼层平面视图，查看轴网的修改状态。

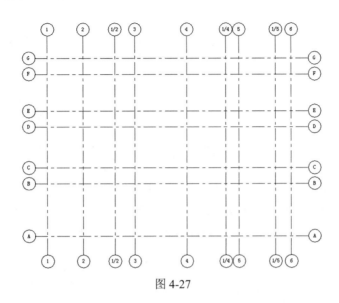

图 4-27

12）打开"管理链接"对话框，切换至"Revit"选项卡，选择"教学楼项目.rvt"链接文件，单击"重新载入"按钮，在当前项目中重新加载教学楼项目模型。完成后单击"确定"按钮退出"管理链接"对话框。

13）保存该项目文件，或打开光盘"练习文件\第 4 章\4-2-2.rvt"项目文件查看最终操作结果。

轴网类型属性中的设置方式与标高类型属性设置方式相似，读者可以使用类似的方式尝试设置和修改标高的类型属性参数。

4.3　手动创建标高与轴网

标高和轴网是机电设计中重要的定位信息，Revit 通过标高和轴网为机电模型中各构件的空间定位关系。除可以通过链接 Revit 文件的方式复制链接模型中的标高和轴网外，还可以根据需要手动创建标高和轴网。

4.3.1　手动创建标高

在 Revit 中，标高和轴网的创建没有严格的先后顺序。笔者建议先创建标高后创建轴网。下面以教学楼机电项目为例，介绍在 Revit 中创建项目标高的一般步骤。

1）启动 Revit，默认将打开"最近使用的文件"页面。单击左上角的"应用程序菜单"按钮，在列表中选择"新建"→"项目"命令，选择"机械样板"新建空白项目。

2）默认将打开楼层平面视图。在项目浏览器中依次展开"卫浴"→"卫浴"→"立面（建筑立面）"视图类别，双击"南-卫浴"视图名称，切换至南立面。在南立面视图中，显示项目样板中设置的默认标高"标高 1"和"标高 2"，且"标高 1"的标高为±0.000m，"标高 2"的标高为 4.000m。如图 4-28 所示。

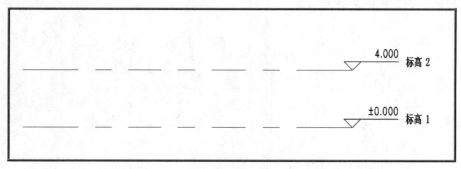

图 4-28

3）在视图中适当放大标高右侧标头位置，单击选中"标高 1"文字部分，进入文本编辑状态，将"标高 1"改为"1F"后按"回车"，会弹出"是否希望重命名相应视图"对话框，选择"是"，如图 4-29 所示。采用同样的方法将"标高 2"改为"2F"。

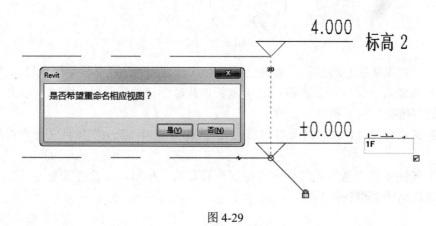

图 4-29

4）移动光标至"标高 2"标高值位置，双击标高值，进入标高值文本编辑状态。按 Delete 键，删除文本编辑框内的数字，键入"4.5"后按"回车"键确认。此时 Revit 将修改"2F"的标高值为 4.5m，并自动向上移动"2F"标高线，如图 4-30 所示。

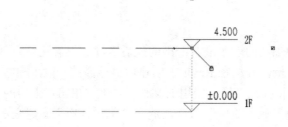

图 4-30

【提示】在样板文件中，已设置标高对象标高值的单位为 m，因此在标高值处输入 4.5，Revit 将自动换算成项目单位 4500mm。

5）如图 4-31 所示，单击"建筑"选项卡"基准"面板中"标高"工具，进入放置标高模式，Revit 将自动切换至"放置标高"上下文选项卡。

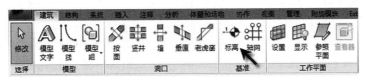

图 4-31

6）确认"属性"面板"类型选择器"中当前标高类型为"上标头"。采用默认设置，移动鼠标光标至标高 2F 左侧上方任意位置，Revit 将在光标与标高 2F 间显示临时尺寸，指示光标位置与 2F 标高的距离。移动鼠标，当光标位置与标高 2F 端点对齐时，Revit 将捕捉已有标高端点并显示端点对齐虚线，再通过键盘输入标高 3F 与标高 2F 的标高差值"3900"，如图 4-32 所示。单击确定标高 3F 起点。

【提示】标高的左右标头可以通过点选标高线左右两侧的小方框来选择显示或隐藏。

图 4-32

7）沿水平方向向右移动光标，在光标和起点间绘制标高。适当放大视图，当光标移动至已有标高右侧端点时，Revit 将显示端点对齐位置，单击完成标高 3F 的绘制，并按步骤 3）修改标高 3F 的名称。

8）单击选择标高 3F。自动切换至"修改|标高"上下文选项卡，如图 4-33 所示，在修改面板中单击复制工具，勾选选项栏中的"约束"、"多个"选项。

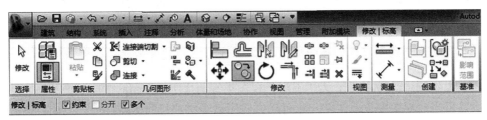

图 4-33

9）单击标高 3F 上任意一点作为复制基点，向上移动鼠标，使用键盘输入数值"3900"并按"回车"键确认，作为第一次复制的距离，Revit 将自动在标高 2F 上方 3900mm 处生成新标高 3G；继续向上移动鼠标，使用键盘输入"1200"，并按"回车"键确认，作为第二次复制的距离，Revit 将自动在标高 3G 上方 1200mm 处生成新标高 3H；按"Esc"键完成复制操作。

10）单击标高 3H 标头标高名称文字，进入文字修改状态，修改标高 3H 的名称为"屋面标高"。使用类似的方法，将标高 3H 的名称改为"屋顶标高"，结果如图 4-34 所示。

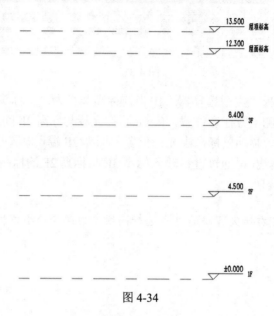

图 4-34

11）单击选择标高 1F，在"修改"面板中单击"复制"工具，再单击标高 1F 上任意一点作为复制基点，向下移动鼠标，使用键盘输入数值"600"并按"回车"键确认，作为复制的距离，Revit 将自动在标高 1F 下方 600mm 处生成新标高，修改其标高名称为"地面标高"；选择该标高，在"属性"面板类型选择器中设置当前标高类型为"上标头"结果如图 4-35 所示。

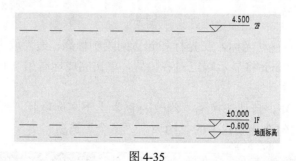

图 4-35

【提示】采用复制方式创建的标高，Revit 不会为该标高生成楼层平面视图。

12）参考 4.2.1 节相关操作，为"卫浴"视图类别创建所有标高的楼层平面视图。双击鼠标中键缩放显示当前视图中全部图元，此时已完成了教学楼项目的标高绘制。在项目浏览器中，切换至"东"立面视图，注意在"东"立面视图中，已生成与"南"立面完全相同的标高。

13）保存该项目文件，或打开光盘"练习文件\第 4 章\4-3-1.rvt"项目文件查看最终操作结果。

在 Revit 中，标高对象实质为一组平行的水平面，该标高平面会投影显示在所有的立面或剖面视图当中。因此在任意立面视图中绘制标高图元后，会在其余相关标高中生成与当前绘制视图中完全相同的标高。

4.3.2　手动创建轴网

标高创建完成以后，可以切换至任何平面视图，例如楼层平面视图，创建和编辑轴网。轴网用于在平面视图中定位图元，Revit 提供了"轴网"工具，用于创建轴网对象，其操作与创建标高的操作一致。下面继续为教学楼项目创建轴网。

1）接上节练习，或打开光盘"练习文件\第 4 章\4-3-1.rvt"项目文件，切换至"1-卫浴"楼层平面视图。

2）如图 4-36 所示，单击"建筑"选项卡"基准"面板中"轴网"工具，自动切换至"放置轴网"上下文选项卡中，进入轴网放置状态。

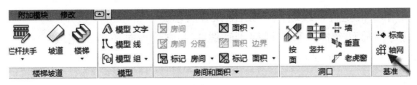

图 4-36

3）单击"属性"面板中"编辑类型"按钮，弹出"类型属性"对话框。如图 4-37 所示，单击"符号"参数值下拉列表，在列表中选择"符号_单圈轴号：宽度系数 0.5"；在"轴线中段"参数值下拉列表中选择"连续"，"轴线末端颜色"选择"红色"，并勾选"平面视图轴号端点 1"和"平面视图轴号端点 2"，单击"确定"按钮退出"类型属性"对话框。

图 4-37

【提示】"符号"参数列表中的族为当前项目中已载入的轴网标头族及其类型。Revit 允许用户自定义该标头族，并在项目中使用。在标高对象的"类型属性"对话框中，也将看到类似的设置。

4）移动光标至空白视图左下角空白处单击，确定第 1 条垂直轴线起点，沿垂直方向向上移动光标，Revit 将在光标位置与起点之间显示轴线预览，当光标移动至左上角位置时，单击完成第一条垂直轴线的绘制，并自动将该轴线编号为"1"。

【提示】在绘制时，当光标处于垂直或水平方向时，Revit 将显示垂直或水平方向捕捉。在绘制时按住键盘 Shift 键，可将光标锁定在水平或垂直方向。

5）确认 Revit 仍处于放置轴线状态。移动光标至上一步中绘制完成的轴线 1 起始端点右侧任意位置，Revit 将自动捕捉该轴线的起点，给出端点对齐捕捉参考线，并在光标与轴线 1 间显示临时尺寸标注，指示光标与轴线 1 的间距。利用键盘输入"5450"并按下回车，将在距轴线 1 右侧5450mm 处确定第二根垂直轴线起点，如图 4-38 所示。

6）沿垂直方向移动光标，直到捕捉到轴线 1 上方端点时单击，完成第 2 根垂直轴线的绘制，该轴线自动编号为"2"。按"Esc"键两次退出放置轴网模式。

7）单击选择新绘制的轴线 2，在修改面板中单击"复制"工具，确认勾选选项栏"约束"和"多个"选项。单击轴线 2 上任意一点作为复制基点，向右移动光标，使用键盘输入数值"4900"并按"回车"键确认，作为第一次复制的距离，Revit 将自动在轴线 2 右方 4900mm 处生成轴线3。按 Esc 两次退出复制模式。

8）选择上一步绘制的轴线 3，双击轴网标头中的轴网编号，进入编号文本编辑状态，删除原有标号值，利用键盘输入"1/2"，按回车确认修改，该轴线编号将修改为"1/2"。

图 4-38

9）使用复制的方式在轴线 1/2 的右侧复制生成垂直方向的其他垂直轴线，间距依次为 3100mm、8000mm、6000mm、2000mm、5600mm、2400mm，依次修改编号为 3、4、1/4、5、1/5、6，如图 4-39 所示。

【提示】默认 Revit 会按上一次修改的编号加 1 的方式命名新生成的轴网编号。因此，可以先复制生成 2、3、4、5、6 轴号后，再复制生成各分轴号轴网。

10）单击"轴网"工具，移动光标至视图左下角空白处单击，确定水平轴线起点，沿水平方向向右移动光标，Revit 将在光标位置与起点之间显示轴线预览，当光标移动至右侧适当位置时，单击完成第一条水平轴线的绘制，修改其轴线编号为"A"。按"Esc"键两次退出放置轴网模式。

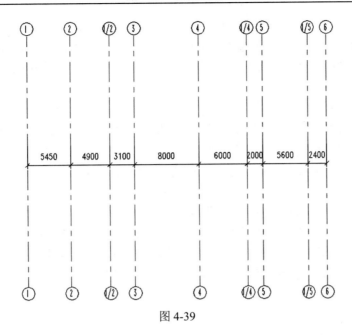

图 4-39

11）单击选择新绘制的水平轴线 A，单击修改面板中"复制"工具，拾取轴线 A 上任意一点作为复制基点，垂直向上移动光标，依次输入复制间距为 8000 mm、2400mm、6200mm、2400mm、5600mm、2400mm，轴线编号将由 Revit 自动生成为 B、C、D、E、F、G，适当缩放视图，观察 Revit 已完成了教学楼项目的轴网绘制，结果如图 4-40 所示。

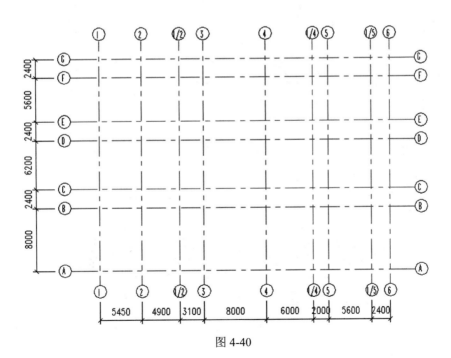

图 4-40

12）切换至其它楼层平面视图，注意 Revit 已在其它楼层平面视图中生成相同的轴网。切换至"南"立面视图，注意在"南"立面视图中，也已生成 1～6 轴网投影。

13）保存该文件，或打开光盘"练习文件\第 4 章\4-3-2.rvt"查看最终完成轴网状态。

与标高类似，在 Revit 中轴网为一组垂直于标高平面的垂直平面。且轴网具备楼层平面视图中的长度及立面视图中的高度属性，因此会在所有相关视图中生成轴网投影。

4.3.3 标注轴网

绘制完成轴网后，可以使用 Revit"注释"选项卡中"对齐尺寸标注"功能，为各楼层平面视图中的轴网添加尺寸标注。为了美观，在标注之前，应对轴网的长度进行适当修改。

1）接上节练习，或打开光盘"练习文件\第 4 章\4-3-2.rvt"项目文件，切换至"1-卫浴"楼层平面视图。

2）单击轴网 1，选择该轴网图元，自动进入到"修改|轴网"上下文选项卡。如图 4-41 所示，移动鼠标至轴线 1 标头与轴线连接住圆圈位置，按住鼠标左键不放，垂直向下移动光标，拖动该位置至图中所示位置后松开鼠标左键，Revit 将修改已有轴线长度。注意，由于 Revit 默认会使所有同侧同方向轴线保持标头对齐状态，因此修改任意轴网后，同侧同方向的轴线标头位置将同时被修改。

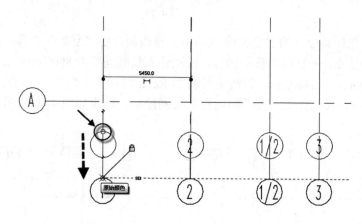

图 4-41

3）使用相同的方式，适当修改水平方向轴线长度。切换至 2F 楼层平面视图，注意该视图中，轴网长度已经被同时修改。

4）如图 4-42 所示，单击"注释"选项卡"尺寸标注"面板中"对齐尺寸标注"工具，Revit 进入放置尺寸标注模式。

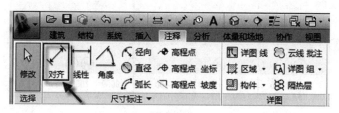

图 4-42

3）在"属性"面板类型选择器中，选择当前标注类型为"对角线-3mm RomanD"。移动鼠标光标至轴线 1 任意一点，单击作为对齐尺寸标注的起点，向右移动光标至轴线 2 上任一点并单击，以此类推，分别拾取并单击轴线 1/2、轴线 3、轴线 4、轴线 1/4、轴线 5、轴线 1/5、轴线 6，完成后向下移动光标至轴线下适当位置单击空白处，即完成垂直轴线的尺寸标注，结果如图 4-43 所示。

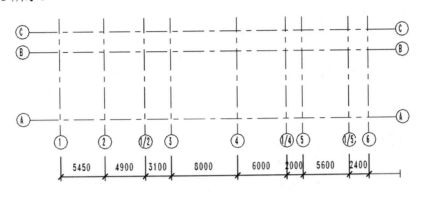

图 4-43

4）确认仍处于对齐尺寸标注状态。依次拾取轴线 1 及轴线 6，在上一步骤中创建尺寸线下方单击放置生成总尺寸线。

【提示】对齐尺寸标注仅可对互相平行的对象进行尺寸标注。

5）重复上一步骤，使用相同的方式完成项目水平轴线的两道尺寸标注，结果如图 4-44 所示。

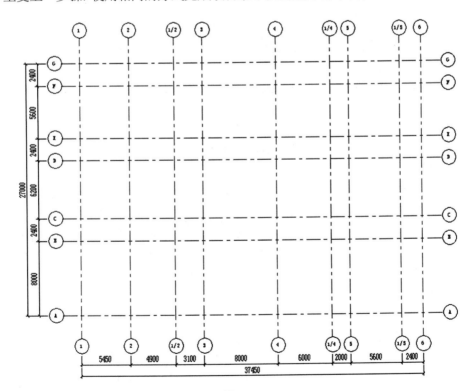

图 4-44

6）切换至 2F 楼层平面视图，注意该视图中并未生成尺寸标注。再次切换回 1F 楼层平面视图，配合"Ctrl"键，选择已添加的尺寸标注，自动切换至"修改|尺寸标注"上下文选项卡。如图 4-45 所示，单击"剪贴板"面板中"复制到剪贴板"按钮，配合使用"粘贴"下拉列表中"与选定的视图对齐"选项，将弹出"选择视图"对话框。

7）如图 4-46 所示，在"选择视图"对话框列表中，配合使用"Ctrl"键，依次单击选择"楼层平面：2F"、"楼层平面：3F"、"楼层平面：屋面标高"、"楼层平面：屋顶标高"，单击"确定"按钮退出"选择视图"对话框。

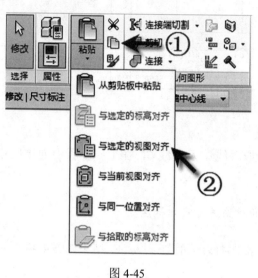

图 4-45

图 4-46

8）切换至 2F 楼层平面视图。注意所选择尺寸标注已经出现在当前视图中。使用相同的方式查看其它视图中的轴网尺寸标注。

9）保存该项目文件，或打开光盘"练习文件\第 4 章\4-3-3.rvt"项目文件，查看最终操作结果。

4.4　视图规程设置

在 Revit 中，根据各专业的需求，可以为项目创建任意多个视图。包括楼层平面视图、立面视图、剖面视图等。为区分各不同视图的用途，Revit 提供了："建筑"、"结构"、"机械"、"卫浴"、"电气"及"协调"共计 6 种视图规程，规程决定着项目浏览器中视图的组织结构。"协调"选项兼具"建筑"和"结构"选项功能。选择"结构"将隐藏视图中的非承重墙，而使用机械或电气规程在视图中淡显非本规程内的构件图元。

在 Revit 中，不选择任何图元，则"属性"面板中将显示当前视图的实例属性。如图 4-47 所示，在"属性"面板"规程"中，可以设置当前视图使用的"规程"，还可以进一步为视图设置"子规程"，以便于对视图进行更进一步的分类和管理。

设置不同的规程后，视图将自动在项目浏览器中根据浏览器组织的设置显示为不同的视图类别。单击"视图"选项卡"窗口"面板中"用户界面"下拉列表，在列表中选择"浏览器组织"选项，将打开项目浏览器"类型属性"对话框，如图 4-48 所示，单击"文件夹"参数后的"编辑"按钮，将打开"浏览器组织属性"对话框，在该对话框中，可以对浏览器的过滤成组条件进行设定。

图 4-47

图 4-48

4.5　本章小结

　　本章结合教学楼项目主要介绍了如何利用链接的方式链接已完成的建筑专业模型，并利用复制/监视功能将链接项目的标高和轴网复制在当前项目中。还可以利用 Revit 的标高和轴网工具，在项目中拖动创建标高和轴网，并介绍如何利用尺寸标注工具完成轴网的尺寸标注。这些内容是创建机电模型项目的基础,在下一章中,将按照项目机电设计的创建流程介绍 Revit 中关于机械构件的布置方法。

第 5 章　创建卫浴装置

本章提要：
➢ 载入卫浴装置的方法
➢ 布置卫浴装置
➢ 修改卫浴装置参数

本书主要以教学楼项目给排水及消防系统为例，学习如何在 Revit 中实现三维管线设计和管线系统管理，并在多个系统间实现冲突检测。要创建给排水系统管线，应首先放置给排水系统的卫浴装置。

5.1　链接模型

在进行机电布置时，通常需要参考已完成的建筑专业模型，并根据建筑专业中的房间布置与要求进行设备及管线的布置。因此，通常需要通过链接的方式链接已有的建筑模型以及其它专业模型。

在本书上一章中，已详细介绍了如何在 Revit 中链接 Revit 项目模型，并使用复制和监视的方式，将链接模型中的标高和轴网图元复制到当前主体模型中，成为当前项目中的定位信息图元。

在 Revit 中进行机电设计时，必须有标高和轴网这些定位图元才能继续后面的操作。读者请参考上一章的相关内容进行链接项目文件的操作，也可以打开光盘"练习文件\第 4 章\4-2-2.rvt"继续本章的操作。注意请务必确保主体项目文件中，已经载入了教学楼项目链接文件，如果在打开项目时出现如图 5-1 所示"未解析的参照"对话框，则表示 Revit 未能找到链接的项目文件，可以选择"打开管理链接以更正此问题"选项，打开"管理链接"对话框，在对话框中选择链接文件名称，单击底部"重新载入来自"按钮，重新指定教学楼项目文件位置即可。

在链接文件后，可以将链接项目文件"绑定"到当前项目中。绑定后的项目文件将作为当前项目的图元存在。绑定后的项目将不再与原链接文件有任何关联关系。本书中，将采用绑定的方式绑定至当前主体项目中，以方便机电布置操作。

1）打开光盘"练习文件\第 4 章\4-2-2.rvt"项目文件。切换至"卫浴"1F 楼层平面视图。单击链接教学楼项目任意图元，选择该链接模型。自动切换至"修改|RVT 链接"上下文选项卡。如图 5-2 所示，单击"链接"面板"绑定链接"工具，将链接文件绑定至当前项目中。

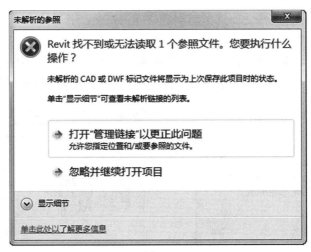

图 5-1

2）Revit 给出警告对话框，如图 5-3 所示，提示用户绑定链接文件后，当前项目与链接项目间的图元复制/监视的关系也将被删除，单击"确定"接受该建议。

图 5-2

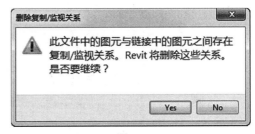

图 5-3

3）Revit 继续弹出"绑定链接选项"对话框。如图 5-4 所示，可以将链接项目文件中的附着详图、标高轴网等图元同时绑定至当前项目中。由于在第 4 章相关操作中，已采用"复制/监视"的方式将链接项目中的标高和轴网图元复制到当前项目中，确认仅勾选"附着的详图"选项，单击"确定"按钮退出"绑定链接选项"对话框。

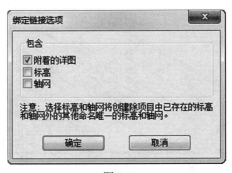

图 5-4

【提示】Revit 会将链接项目中各视图的尺寸标注、门窗标记等注释信息作为"附着的详图"的方式管理在绑定后的组文件中。

4）Revit 提示用户将链接文件绑定后会影响 Revit 的运行速度，单击"确定"按钮继续，如图 5-5 所示。Revit 将进行绑定计算。

5）如图 5-6 所示，计算完成后，Revit 会提示当前项目与链接项目中存在重名的对象样式，并按链接模型中的设定进行替换。单击"确定"按钮，完成绑定操作。

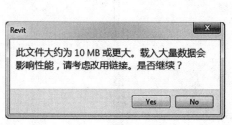

图 5-5

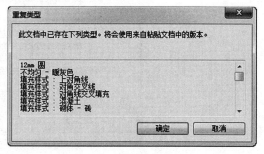

图 5-6

6）由于链接的教学楼项目已经全部绑定转换为当前项目图元，因此原 RVT 链接可以删除，Revit 给出如图 5-7 所示警告对话框，单击"删除链接"选项，删除当前项目与教学楼项目的链接关系。

图 5-7

7）打开"管理链接"对话框，注意在 Revit 选项卡中，"教学楼项目"的链接已被删除。

8）切换至默认三维视图，当前项目中已显示教学楼项目的全部模型图元。单击任意图元，注意该模型以"组"的方式存在，如图 5-8 所示。

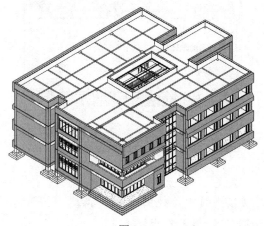

图 5-8

9）保存该项目文件，或打开光盘"练习文件\第 5 章\5-1.rvt"项目文件查看最终操作结果。

链接被绑定后，Revit 会自动将链接模型转换为 Revit 组，方便模型的编辑与修改。组中的成员可随时使用分解组的方式，将其变为独立的图元。限于篇幅，本书不再详述该过程。

5.2　布置卫浴装置

完成前面的工作后，可以继续在 Revit 中布置卫浴装置。要布置卫浴装置，必须先载入指定的卫浴装置族。

5.2.1　创建 1F 卫浴装置

在 Revit "系统"中自带有常用的卫浴装置，工作中只需要载入即可。接下来继续以教学楼项目为例，说明如何载入卫浴装置族的一般方法。

1）接上节练习。切换到卫浴 1F 楼层平面视图。如图 5-9 所示，单击"系统"选项卡"卫浴和管道"面板中"卫浴装置"工具，进入"修改|放置卫浴装置"上下文选项卡。

图 5-9

【快捷键】卫浴装置的默认快捷键为 PX。

【提示】所有机电设备和管线的工具均位于"系统"选项卡。

2）如图 5-10 所示，单击"模式"面板中"载入族"工具，打开"载入族"对话框。

图 5-10

3）在"载入族"对话框中默认将打开 Revit 自带的族目录中。依次双击"MEP\卫浴装置\3D\常规卫浴"目录，在该目录下显示了 Revit 自带的可用卫浴装置族。如图 5-11 所示，选择任意族将在右侧预览中显示该族的形态预览。选择"厕所隔断 1 3D.rfa"族文件，单击"打开"按钮将其载入至当前项目中。

【提示】Revit 的默认族库中族文件均被保存为.rfa 文件格式。Revit 还支持后缀为.adsk 的数据交换格式的族文件，该文件通常由 Autodesk Inventor 或其它非 Revit 系列软件创建的设备模型文件。

图 5-11

4）如图 5-12 所示，在"属性"面板类型选择器中，设置当前"厕所隔断 1 3D"的族类型为"中间或靠墙（落地）"，将该类型设置为当前使用类型。

图 5-12

【提示】载入族时，该族在定义时包含的所有族类型都将一并载入项目中。

5）适当放大显示教学楼右下方卫生间位置，如图 5-13 所示。移动光标至 5 轴线内墙右侧位置，当临时尺寸标注线显示为 0 时，单击在该位置放置卫生间隔断。完成后按"Esc"键两次退出卫浴装置放置状态。

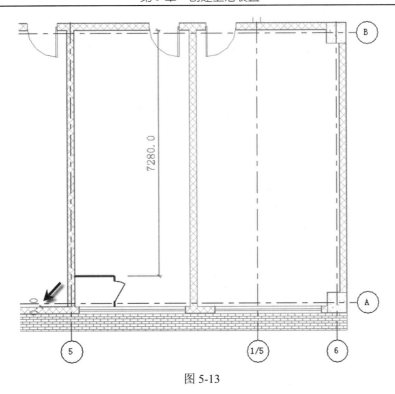

图 5-13

【提示】该族属于基于墙族样板创建，必须移动鼠标至墙面位置才可以显示放置预览。鼠标所在墙面的方向决定该图元放置的方向。

6）单击选择上一步中创建的卫生间隔断。如图 5-14 所示，"属性"面板中将显示当前所选择厕所隔断图元的参数。分别调整隔断高度、深度和宽度为 1800、1200 和 900，单击应用按钮，应用该设置。

图 5-14

7）确认隔断仍处于选择状态。单击"修改"面板"复制"工具，勾选选项栏"约束"和"多个"选项。沿垂直向上方向，以 900 间距复制生成当前期间中其它卫生间隔断，共计 5个。结果如图 5-15 所示。

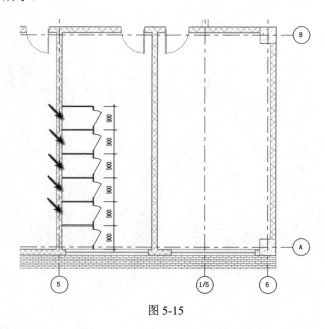

图 5-15

8）重复 4）～6）步操作，在另一侧卫生间位置放置相同数目的卫生间隔断。完成后结果如图 5-16 所示。

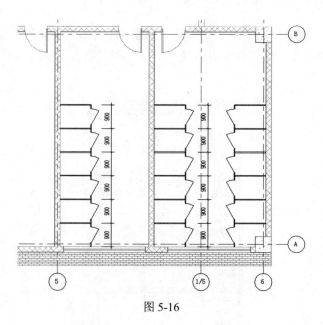

图 5-16

9）如图 5-17 所示，选择 1/5 轴线左侧最上方卫生间隔断。单击"修改"面板"镜像—拾取轴"工具，确认勾选选项栏"复制"选项；拾取图中所示墙体作为镜像轴，在墙左侧对称生成隔断。

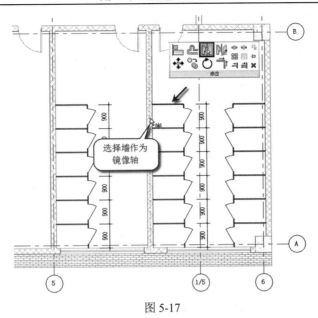

图 5-17

10）选择上一步中镜像复制创建的卫生间隔断图元。如图 5-18 所示，在"属性"面板中，修改该图元的族类型为"厕所隔断 1 3D：末端（落地）"；修改隔断高度、深度值为 2000、800，宽度值不变；不勾选"其它"参数组中"外开"选项，单击"应用"按钮应用该设置，则隔断将显示为卫生间挡板。

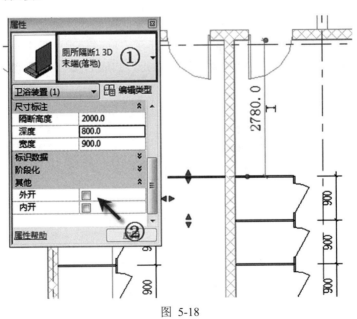

图 5-18

11）按"Esc"键两次退出当前所有选择集。如图 5-19 所示，单击"插入"选项卡"从库中载入"面板中"载入族"工具，打开"载入族"对话框。依次双击"MEP\卫浴装置\3D\常规卫浴"目录，配合键盘 Ctrl 键，依次选择"蹲式便器.rfa"、"台盆-多个 3D.rfa"和"小便斗.rfa"族文件，单击"打开"按钮将其载入至当前项目中。

图 5-19

【提示】使用"插入"选项卡中"载入族"工具和在放置卫浴装置命令中载入族工具的作用相同。

12）使用"卫浴装置"工具，进入"修改|放置卫浴装置"上下文选项卡。在"属性"面板"类型选择器"中，设置当前族类型为"蹲式便器 3D：标准"；如图 5-20 所示，不激活"标记"面板中"在放置时进行标记"选项，设置"放置"面板中放置方式为"放置在工作平面上"，确认选项栏"放置平面"设置为"标高：1F"即放置在当前 1F 标高平面上。

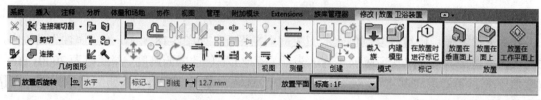

图 5-20

13）如图 5-21 所示，移动光标至 5 轴线右侧卫生间隔断内，将显示蹲式便器放置预览。按"空格"键，以 90 度进行旋转，当旋转至图中所示方向时，单击放置该蹲式便器。配合使用临时尺寸标注，按图中所示位置放置蹲式便器图元。完成后按"Esc"键两次退出放置卫浴装置状态。

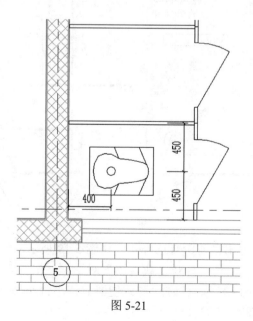

图 5-21

14）选择上一步中放置的蹲便器图元，自动切换至"修改｜卫浴装置"上下文选项卡。如图 5-22 所示，单击"修改"面板中"阵列"工具，设置选项栏阵列的方式为"线性" 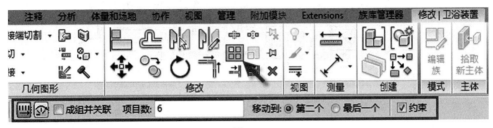，不勾选"成组并关联"选项；设置阵列项目数为 6，阵列生成的方式为移动到"第二个"，勾选"约束"选项。拾取蹲式便器图元上任意一点作为阵列基点。沿垂直方向向上移动鼠标，输入 900 作为阵列间距。Revit 将以 900 为间距，在各卫生间隔断中生成蹲式便器。

图 5-22

15）重复 12）～15）步操作，在其它卫生间隔断内创建蹲式便器。结果如图 5-23 所示，注意 6 轴线与 A 轴线交点位置隔断内因结构柱占据较大空间，未创建蹲式便器图元，将来可作为工具间使用。

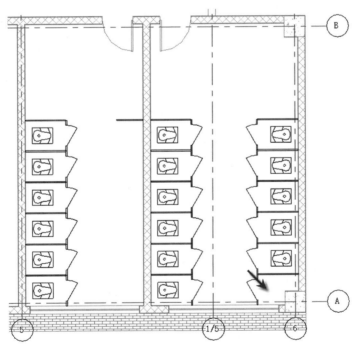

图 5-23

16）使用"卫浴装置"工具。设置当前族类型为"小便斗 3D"；如图 5-24 所示，拾取左侧卫生间墙面放置小便斗。使用"修改"选项卡"修改"面板中"对齐"工具，进入对齐修改模式，确认不勾选选项栏"多重对齐"选项；先单击拾取蹲式便器中心线作为对齐目标位置，再单击刚刚放置的小便斗中心线，使之与蹲式便器中心线对齐。完成后按"Esc"键退出对齐工具。

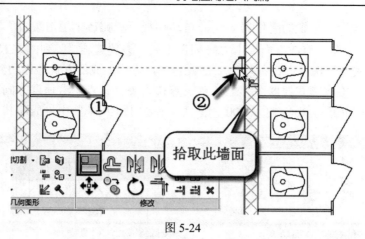

图 5-24

【提示】"小便斗 3D"族采用基于墙族样板创建，因此只有在墙面位置才会出现小便斗放置预览。

17）选择上一步中放置的小便斗图元。修改"属性"面板"立面"值为 500，即小便斗距离 1F 标高值为 500mm。单击"应用"按钮应用该参数。

18）重复上一步操作，以完全相同的参数放置其它小便斗。结果如图 5-25 所示。

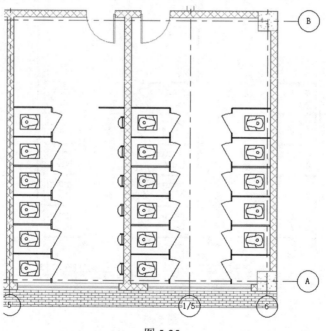

图 5-25

19）使用"卫浴装置"工具。设置当前族类型为"台盆-多个 3D：台式洗脸盆"；如图 5-26所示，确认"属性"面板中台盆放置"标高"为 1F，偏移量设置为 0；设置"洗面器数量"为 3；修改"左侧距墙"值为 640，"右侧距墙"值为 640；其它参数默认，单击"应用"按钮应用该设置。

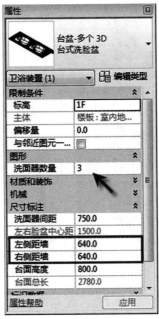

图 5-26

20）配合"空格"键旋转台盆预览，参照图 5-27 位置放置台盆图元。

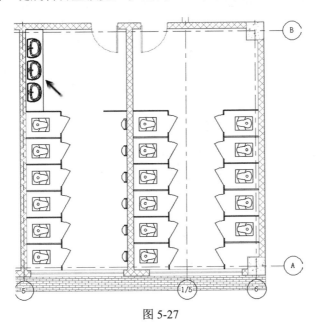

图 5-27

【提示】由于台盆族中使用实例参数控制台盆的长度等参数，使用对齐工具会修改图元的尺寸参数，因此不建议使用对齐工具对其进行对齐操作。可以使用移动工具进行图元位置的修改。

21）使用类似的方式，按图 5-28 所示参数，放置女卫生间台盆。

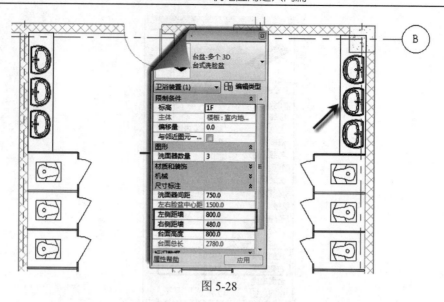

图 5-28

22）至此，完成 1F 标高卫浴装置的创建。保存该项目文件，或打开光盘"练习文件\第 5 章\5-2-1.rvt"项目文件查看最终操作结果。

在项目浏览器"族"→"卫浴装置"类别中查看所有已载入的卫浴装置族。如图 5-29 所示。在族名称上单击，在弹出右键菜单中选择"删除"，还可以将所选择的族从当前项目中删除。

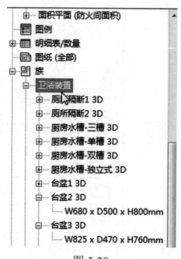

图 5-29

卫浴装置的各种参数，如卫浴装置的安装高度，图形数量，材质和装饰，系统分类，尺寸，标识数据等，都可以通过卫浴装置的属性来调整其参数。

卫浴装置的参数可以在绘制卫浴装置时设定，也可以在绘制完成后更改。由于卫浴装置属性可载入族，每个族中可用的参数及调整方式取决于族中的定义。例如，在台盆属性面板中，显示了台盆数量、材质和装饰、机械类型、尺寸标注、标识数据等参数，但小便斗族中，则不提供这些参数。

5.2.2　创建其它标高卫浴装置

在教学楼项目中，2F、3F 标高中卫浴装置与 1F 标高完全一致。因此可以将其复制到 2F 及 3F 对应位置。

1）接上节练习。切换至卫浴 1F 楼层平面视图。适当放大视图，如图 5-30 所示，移动光标至卫生间左上角位置单击并按住鼠标左键，向右下方拖动光标直到卫生间右下角外墙位置，绘制实线选择框将所有卫浴装置完全包围，松开鼠标，将选择所有卫浴装置。

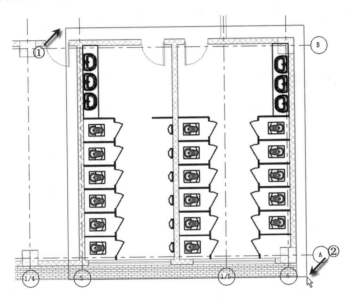

图 5-30

2）自动切换至"修改|卫浴装置"上下文选项卡。如图 5-31 所示，单击"剪贴板"面板中"复制到剪贴板"工具，将所选择图元复制到 Windows 剪贴板。单击"粘贴"工具下拉列表，在列表中选择"与选定的标高对齐"选项，弹出"选择标高"对话框。

图 5-31

3）如图 5-32 所示，在"选择标高"对话框中，列举了当前项目中所有可用标高名称。配合"Ctrl"键，依次选择 2F、3F 标高。完成后单击"确定"按钮将所选择卫浴设置对齐粘贴至 2F、3F 标高。

4）切换至卫浴 2F 楼层平面视图，Revit 已经在该标高对应位置生成了相同的卫浴设置。选择任意小便斗图元，注意"属性"面板中该图元"标高"已自动设置为 2F。

5）再次切换至 3F 楼层平面视图，该标高也已生成相同的卫浴装置。切换至默认三维视图，按"Esc"键两次不选择任何图元，此时"属性"面板显示当前三维视图的属性参数。如图 5-33 所示，修改"规程"为"卫浴"，则当前视图中将淡显墙、窗、楼板等非卫浴规程类图元。

图 5-32

图 5-33

6）修改底部视图控制栏"视图详细程度"为"精细"，修改"视觉样式"为"着色"。创建的卫浴装置如图 5-34 所示。

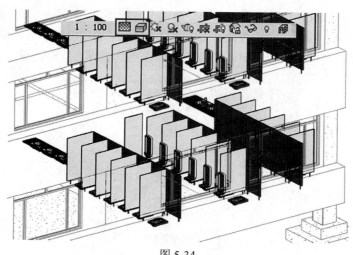

图 5-34

7）至此完成了其它标高卫浴装置创建。保存该文件，或打开光盘"练习文件\第 5 章\5-2-2.rvt"项目文件查看最终操作结果。

采用对齐粘贴的方式创建其它标高的图元后，Revit 会自动修改复制后的图元属性，使之与各图元所在的标高值一致。

　　复制后的图元，不会与原图元自动关联。例如，此时再次修改 1F 标高的卫浴装置的尺寸或位置，2F、3F 标高中的图元不会发生变化。要使 2F、3F 标高中图元与 1F 卫浴装置同步修改，可以在复制前使用"成组"工具将所有卫浴装置成组，并在 2F、3F 标高中创建组实例。这样，在修改 1F 卫浴装置的组成员时，所有组实例均会被修改。限于本书定位及篇幅，在此不再赘述。

5.3　本章小结

　　本章主要介绍了教学楼项目中如何创建卫浴装置，卫浴装置属于可载入族，必须载入特定的卫浴装置族到当前项目中才能放置和使用。在创建时，可以根据实际需要调节卫浴装置族的各参数。配合使用复制至剪贴板和与选定的标高对齐的方式，可以快速创建其它标高完全相同的卫浴装置布置。在下一章中，将介绍给排水系统管道的绘制。

第 6 章　布置给排水系统管道

本章提要：
➤ 管理管道系统类型
➤ 绘制给排水系统管道
➤ 设置给排水管道属性
➤ 添加管道保温层

在上一章中已经在教学楼项目建筑模型的基础上创建了卫浴装置，本章将继续根据已布置的卫浴装置创建给排水系统的管道，介绍给排水管道的绘制过程。

6.1　管道类型设置

在工程项目中，根据不同的用途，将采用不同材质的管道。不同材质管道的公称直径范围、管件尺寸及形状均不相同。例如，对于日常给水中常用的 PPR 管道将采用热融的方式进行连接，并且只能与 PPR 材质的管件相联。在 Revit 中，管道属于系统族。可以为管道创建不同的类型，以便于区别各管道不同材质，并在类型属性中定义管道与管道连接时的弯头、三通等采用的连接件方式等信息。绘制管道前，需要对管道的类型进行设置，以便对不同类型的管道进行管理，本书将用教学楼项目为例，进行管道类型设置。

1）接 5.2.2 节练习，或打开光盘"练习文件\第 5 章\5-2-2.rvt"项目文件。切换至 1F 卫浴楼层平面视图。单击"系统"选项卡"卫浴和管道"面板中"管道"按钮，进入管道绘制模式，自动切换至"修改|放置管道"上下文选项卡。如图 6-1 所示，单击"属性"面板中"编辑类型"按钮，弹出"类型属性"对话框。

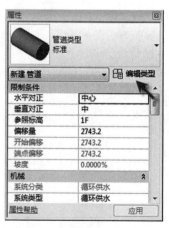

图 6-1

【快捷键】"管道"默认快捷键为"PI"。

2）如图 6-2 所示，在"类型属性"对话框中，确认当前族类型为"标准"，单击"复制"按钮弹出"名称"对话框，输入新管道类型名称为"给水系统"，单击"确定"按钮返回"类型属性"对话框。

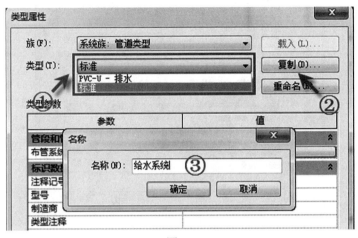

图 6-2

【提示】项目中默认的"PVC-U 排水"和"标准"管道类型为项目样板中预定义的管道类型。

3）如图 6-3 所示，单击"类型属性"对话框中的"布管系统配置"后的"编辑"按钮，弹出"布管系统配置"对话框。

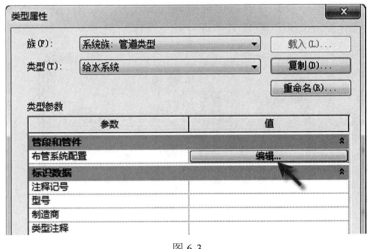

图 6-3

4）如图 6-4 所示，在"布管系统配置"对话框中，设置"管段"参数组中管道的类型为"PE 63 - GB/T 13663 - 0.6 MPa"，Revit 会自动更新该系列管道的"最小尺寸"为 20mm，"最大尺寸"为 300mm，即该系列的管道公称直径范围为 20~300mm。

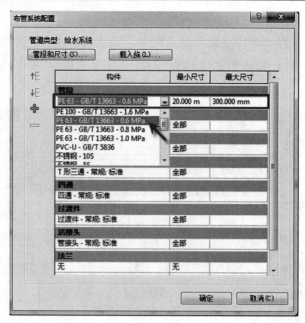

图 6-4

【提示】管段列表中所有管道标号及公称直径范围均为项目样板中预定义值。

5）可以继续为该类型的管道指定弯头、连接、四通等连接时采用的管道接头族，在本操作中，均采用默认设置值。完成后单击"确定"按钮返回"类型属性"对话框。

6）复制创建名为"排水系统"管道类型。如图 6-5 所示，打开"布管系统配置"对话框，修改"管段"材质为"PVC-U - GB/T 5836"，其它参数默认。完成后单击"确定"按钮两次，退出"类型属性"对话框。至此完成管道类型属性的设置与定义。保存该项目文件，或打开光盘"练习文件\第 6 章\6-1.rvt"项目文件查看最终操作结果。

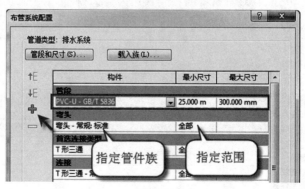

图 6-5

在"布管系统配置"对话框中，可以在"管段"参数中设置当前管道类型的材质、压力等级和范围，并可以为该管道类型指定弯头、连接、四通的形式。弯头、连接、四通等参数用于指定在管道与管道连接时采用设定的弯头、连接、四通的族。该列表中的可用族取决于当前项目中已预载入的所有可用管道管件族。

在该对话框中，还可以通过单击左侧添加或删除按钮，用于指定在不同的管径范围内采用的弯头族的形式。例如，对于镀锌钢管，在管径小于 DN80 时一般采用丝扣连接，但管径大于 DN80 时，一般采用预制沟槽卡箍连接、法兰连接等其他连接方式进行连接。在这种情况下，可以利用添加行工具，为每种连接方式添加并指定新的连接件族，并设定使用该族进行连接的管径范围。

如图 6-6 所示，单击"布管系统配置"对话框中"管段和尺寸"按钮，打开"机械设置"对话框，并自动切换至"管段和尺寸"类别设置。在该对话框中可以分别添加管道的"管段"材料、压力标准，并在该管段类别中根据需要创建和修改管道的公称直径、内径、及径等尺寸信息。所有管段的尺寸信息，应根据管道的实际标准和规范添加和修改。

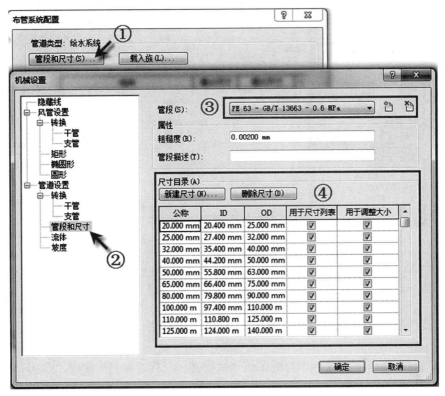

图 6-6

注意，Revit 在项目样板中，预设了所有可用的管段及管径预设信息。因此，在进行管线的定义与创建时，请务必确认使用了正确的项目样板，以方便在项目中设置和使用。

6.2　绘制给水管

在上一节中完成管道类型的设置后，便可以在项目中进行管道的绘制。在 Revit 中一般会根据管道的功能和系统选择适当的管道类型分别进行横管和立管的绘制。本节中先进行教学楼项目横管的绘制。

6.2.1 绘制水平横管

首选，将绘制教学楼给水系统中横管，该总给水干管管径为 DN50。

1）接上节练习，切换至卫浴 1F 楼层平面视图。在生成该视图时因在该视图中预设了"卫浴平面"视图样板，因此 Revit 不允许用户对当前视图的"视图范围"等进行修改。确认不选择任何图元，"属性"面板中将显示当前视图的属性。如图 6-7 所示，单击"属性"面板中"视图样板"参数"卫浴平面"按钮，打开"应用视图样板"对话框。在"应用视图样板"对话框中，设置视图样板为"无"。完成后单击"确定"按钮退出"应用视图样板"对话框。

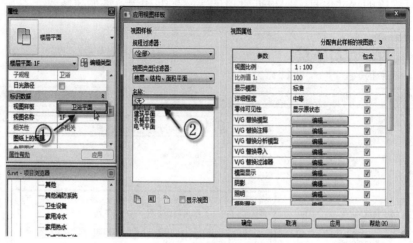

图 6-7

【提示】还可以在"应用视图样板"对话框"视图属性"列表中，清除不需要与样板设置保持一致的参数后的复选框，以便在视图中对其进行单独设置。

由于将要绘制的管线位于当前标高之下，为确保该管线正确显示在视图中，需要修改视图范围。

2）如图 6-8 所示，在"属性"面板单击"视图范围"后"编辑"按钮，弹出"视图范围"对话框；修改主要范围中的"底"及"视图深度"的偏移量均为"-1500"，完成后单击"确定"按钮退出"视图范围"对话框。

图 6-8

3）单击"属性"面板"可见性/图形替换"后的"编辑"按钮，打开"可见性/图形替换"对话框。如图 6-9 所示，切换至"过滤器"选项卡，勾选"循环"过滤器"可见性"复选框，完成后单击"确定"按钮退出"可见性/图形替换"对话框。

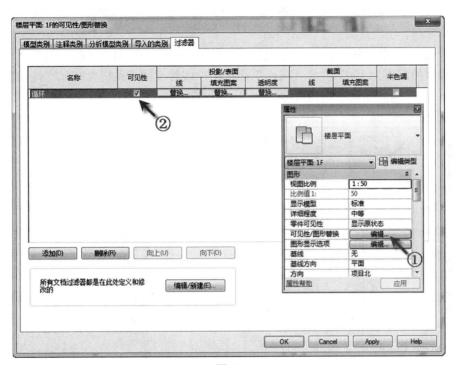

图 6-9

【提示】视图范围及视图过滤器均由项目样板中预定义，在创建项目时需根据项目的需要进行调整。

4）单击"系统"选项卡"卫浴和管道"面板中"管道"按钮，进入管道绘制模式。在"属性"面板类型选择器中，设置当前管道类型为"给水系统"。如图 6-10 所示，确认激活"放置工具"面板中"自动连接"选项；激活"带坡度管道"面板中"禁用坡度"选项，即绘制不带坡度的管道图元，其它参数参照图中所示。

图 6-10

5）如图 6-11 所示，修改选项栏"直径"列表中管道直径为直径 50mm；设置"偏移量"值为-1400mm，即将要绘制的管线与当前楼层标高的距离为当前标高之下-1400mm。

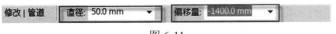

图 6-11

6）适当放大 5、6 轴线间卫生间位置。如图 6-12 所示，沿 1/5 轴左侧内墙与蹲式便器之间位置单击作为绘制起点，沿垂直方向直到外墙室外位置单击作为第二点绘制水平给水干管，完成后按"Esc"键两次退出管线绘制模式。由于当前视图详细程度为中等，Revit 将以单线的方式显示管线。单击视图控制栏中视图详细程度按钮，修改视图详细程度为"精细"，则 Revit 将显示真实管线。

7）选择上一步中绘制给水管，Revit 给出该管道中心线与墙面距离的临时尺寸标注。修改该管线与墙面的距离为 100。注意"属性"面板中，该管道的"系统类型"默认设置为"循环供水"，其它默认属性参见图 6-13 中所示。不修改任何参数，按"Esc"键退出当前选择集。

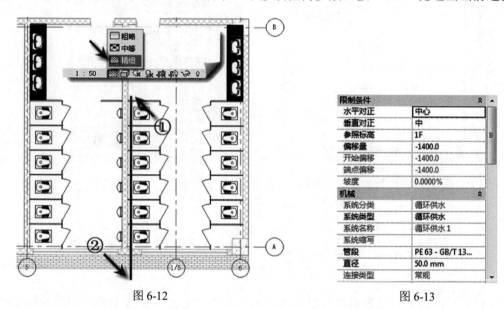

图 6-12　　　　　　　　　　　　　　　　　　　图 6-13

【提示】选择管道图元时，将同时显示"修改|管道"和"管道系统"两个选项卡。

8）至此完成主给水管绘制。保存该项目文件，或打开光盘"练习文件\第 6 章\6-2-1.rvt"项目文件查看最终操作结果。

可以通过单击"管理"选项卡"设置"面板中"其它设置"下拉列表，在列表中选择"临时尺寸标注"选项，打开"临时尺寸标注属性"对话框，如图 6-14 所示，可以设置临时尺寸标注捕捉"墙"图元时的默认捕捉位置。

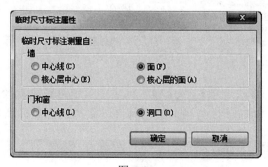

图 6-14

在 Revit 中，管道在视图粗略或中等详细程度下，均以单线的方式显示。因此必须调整视图的详细程度以满足不同管道的显示要求。

除管道类型外，Revit 还提供了"系统类型"，用于区别不同用途的管道。管道在默认情况下将默认属于"循环供水"系统。在使用的默认项目样板中，设置了"循环供水"过滤器，并将该过滤器设置为不可见，因此，必须在"可见性/图形替换"中打开该过滤器的可见性，才能在视图中在显示管线。

6.2.2　绘制垂直管

绘制完成水平主干给水管后，可以继续绘制垂直立管。通常是在绘制横管时，通过更改横管的标高，绘制时 Revit 会自动的生成立管。

接上节横管的绘制，现在来进行立管的绘制。为方便读者操作，这一节采用双视图并列显示的方式来说明绘制管线的一般过程。

1）接上节练习，切换至 1F 卫浴楼层平面视图。单击"视图"选项卡"窗口"面板中"关闭隐藏对象"工具，关闭除当前视图外所有已打开视图窗口。单击快速访问栏中"默认三维视图"按钮，将视图切换至默认三维视图。

2）在默认三维视图中选择 2F、3F 所有卫浴装置，单击视图控制栏"临时隐藏隔离"按钮，选择弹出列表中"隐藏图元"选项在三维视图中临时隐藏 2F、3F 所有卫浴装置隐藏，以便于操作。结果如图 6-15 所示。

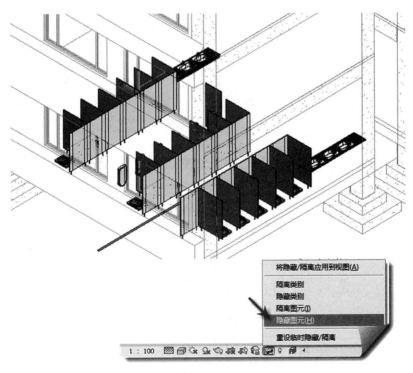

图 6-15

3）单击"视图"选项卡窗口"平铺"按钮，将"三维视图"和"1F 楼层平面"视图平铺显示，结果如图 6-16 所示。

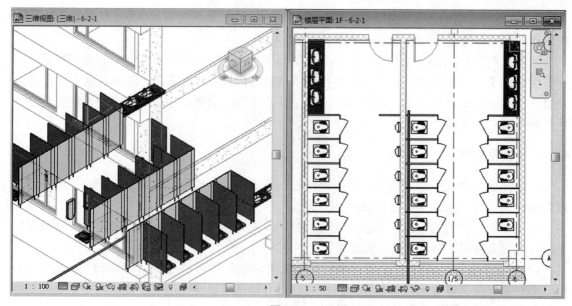

图 6-16

4）激活 1F 楼层平面视图。使用"管道"工具，确认当前管道类型为"给水系统"；设置选项栏管道直径为 50mm，偏移量为 3000mm；其它参数参考上一节第 4 步操作，如图 6-17所示，光标移至卫生间内已绘制完成的给水干管端点位置，Revit 会自动捕捉至该端点，单击将该点作为绘制管线的起点。

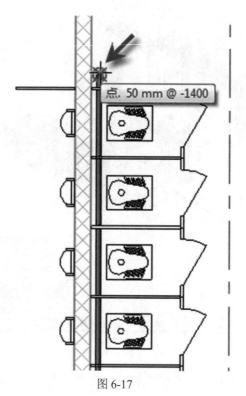

图 6-17

　　5）水平向左移动光标，直到左侧卫生间洗手盆位置再次单击，Revit 将在 1F 标高之上 3m 的位置生成 DN50 水平管道，同时在第 4 步骤中捕捉的水平管线与当前管线间生成垂直方向立管，如图 6-18 所示。完成后按"Esc"键两次退出当前管线绘制状态。注意在管线与管线之间，已经生成了 90 度的弯头。

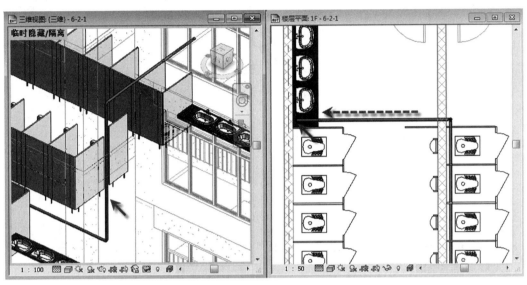

图 6-18

　　6）激活 1F 楼层平面视图。选择上一步中绘制的水平管线。如图 6-19 所示，移动光标至管道起点位置操作夹点，单击并按住鼠标左键，沿水平方向向右拖动光标，直到捕捉到 6 轴线位置时松开鼠标左键，将重新修改该管线的起点至 6 轴线位置。完成后，按"Esc"键退出当前选择集。

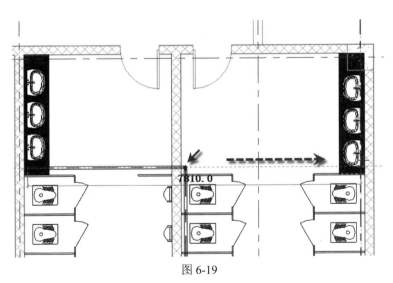

图 6-19

　　7）适当放大三维视图。如图 6-20 所示，1F 标高 3m 位置管道长度修改后，Revit 仍使用弯头的方式进行水平管道与垂直管道连接。选择该弯头，按"Delete"键，删除该弯头。

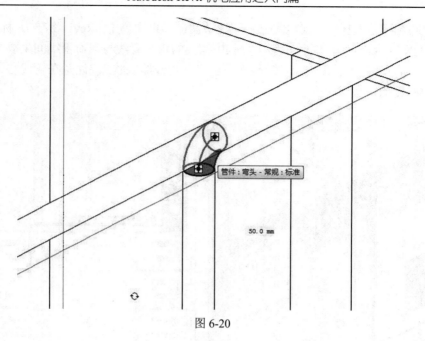

图 6-20

8）如图 6-21 所示，单击"修改"选项卡"修改"面板中"修剪/延伸单个图元"工具，进入图元修剪延伸编辑状态。

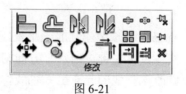

图 6-21

9）如图 6-22 所示，单击拾取水平管道作为延伸目标，再次单击垂直管线，Revit 将延伸垂直管线，并自动生成三通连接。完成后按"Esc"键退出修剪编辑模式。

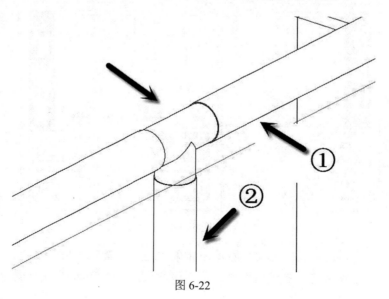

图 6-22

10）激活 1F 楼层平面视图。使用"管道"工具，确认当前管道类型为"给水系统"；设置选项栏管道直径为 40mm，偏移量为 3000mm；如图 6-23 所示，分别绘制 1F 标高水平管线。利用修剪、延伸工具使各管线间保持连接。

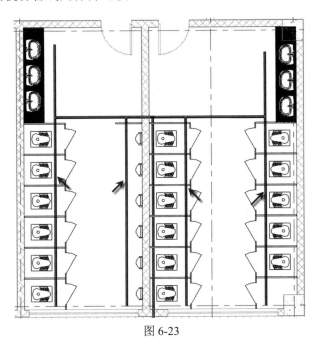

图 6-23

【提示】当在同一标高管道交叉时，Revit 会自动生成四通，以连接该交叉管道。

11）由于上一步中绘制的管道直径为 DN40，小于主管道的 DN50，因此，Revit 在生成三通图元的同时，还会自动生成过滤件图元，以匹配不同的管道直径，如图 6-24 所示。

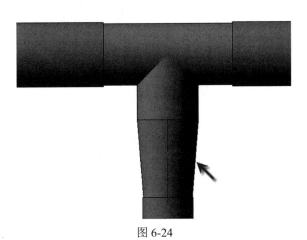

图 6-24

12）选择所有本节操作中生成的水平管道、垂直管道以及管件，配合使用"复制到剪贴板"和"与选定的标高对齐"粘贴的方式，将其对齐粘贴至 2F、3F 标高。

13）切换至默认三维视图，适当放大 1F 与 2F 垂直管道位置，垂直管道并未连接。选择三通管件图元，如图 6-25 所示，单击三通图元顶部"+"符号，将该三通连接管件修改为四通连接管件。

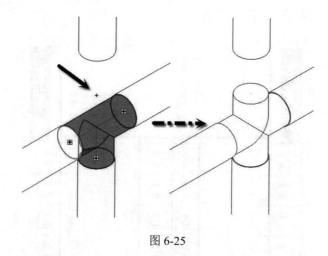

图 6-25

> 【提示】修改为四通连接件后，可以通过单击顶部的"-"符号，再次恢复为三通连接管件。

14）如图 6-26 所示，单击选择 2F 垂直管道。移动光标至该管道底部夹点位置，单击并按住鼠标左键，向下移动光标，直到捕捉至四通连接管件端点中心位置，松开鼠标左键，Revit 将自动连接该垂直管道与四通，并保持连接关系。

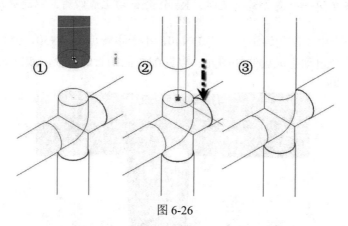

图 6-26

15）使用相同的方式，修改连接 2F 与 3F 间垂直管道。注意由于 2F 至 3F 层高小于 1F 至 2F 层高，因此复制后垂直管道将与 2F 垂直管道相交，注意将管线修改至正确的长度位置。

16）至此完成了给水主干管线的绘制。保存该项目文件，或打开光盘"练习文件\第 6 章\6-2-2.rvt"项目文件查看最终操作结果。

在 Revit 中当管线相交时，会自动使用当前管道类型属性"布管系统配置"对话框中定义的连接件族进行连接。当管道管径不同时，将自动根据管径为管线添加过滤件图元。

如图 6-27 所示，为不同的连接件与"布管系统配置"对话框中的设置对应关系。

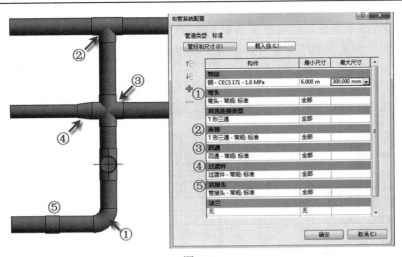

图 6-27

"首选连接类型"用于指定当管线连接时，优先采用 T 形三通还是接头连接管道。如果设置为"T 形三通"，在管道 T 形连接时将生成"连接"中设置的 T 形三通连接件；如果设置为"接头"，则不再生成三通连接件，用于表示"焊接"相连的管道；如果在"布管系统配置"对话框中，指定了"法兰"，则在绘制管道时，会在所有的连接件与管道之间生成法兰。

6.2.3　绘制给水支管

绘制完成给水干管后，使用类似的方式继续绘制给水支管。

1）接上节练习。切换至 1F 卫浴楼层平面视图。使用"管道"工具，设置选项栏管道直径为"20mm"；在"放置工具"选项卡中激活"自动连接"和"继承高程"选项。按如图 6-28 所示，捕捉 5 轴线右侧绘制横支管。

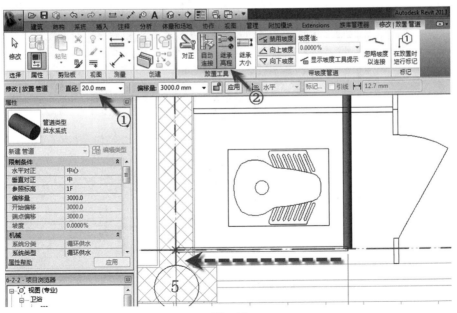

图 6-28

【提示】"继承高程"是指连续绘制管道时，绘制管道的起点与已绘制管道的高程相同。熟练使用"继承高程"命令可加快建模速度。

2）确认仍处于管道绘制状态。如图 6-29 所示，修改选项栏"偏移量"值为"1200mm"，单击"应用"按钮，在该管末端创建垂直立管。完成后，按"Esc"键退出管道绘制状态。

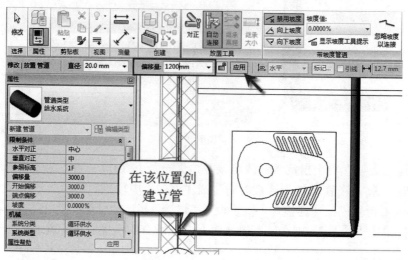

图 6-29

3）蹲式便器给水管位接口位于图元的中部，需要使用测量工具测量该位置中心与横支管中心的距离。如图 6-30 所示，单击"修改"选项卡"测量"面板中"对齐尺寸标注"工具，依次捕捉单蹲式便器图元中心位置及横支管道中心，再在任意空白位置单击放置该尺寸标注，测量显示横支管与大便器中心的距离。按"Esc"键两次退出测量模式。注意本例中，该值为360mm。

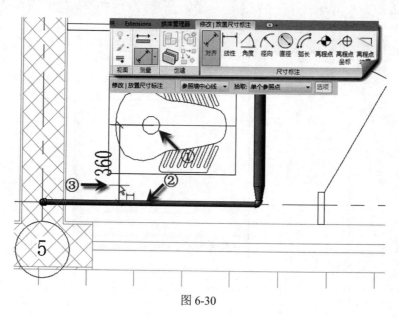

图 6-30

【快捷键】对齐尺寸标注的默认快捷键为 DI。

4）使用管道工具。修改选项栏管道直径为"20mm"，偏移量"1200mm"，取消"继承高程"选项；如图 6-31 所示，将光标移至第 3 步绘制立管处，Revit 将自动捕捉垂直立管端点。当出现端点捕捉标记时单击作为管道起点。

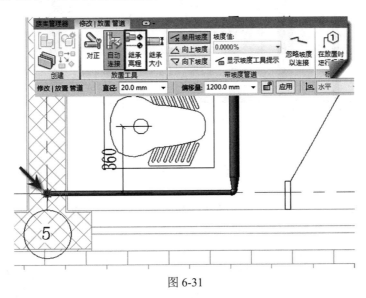

图 6-31

5）如图 6-32 所示，沿垂直向上方向移动光标，Revit 给出临时测量角度为 90°；利用临时尺寸标注输入水平管道长度 360，按"回车"键确认输入，完成这一横管绘制。

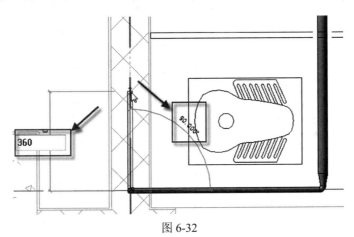

图 6-32

6）确认仍处于管线连续绘制状态。继续沿水平方向向右移动光标，输入水平管道长度 140，按"回车"键确认。修改选项栏偏移量值为"-30mm"，单击"应用"按钮创建立管。

接下来，继续沿水平方向向右绘制管道连接至蹲式便器进水口接口位置。

7）继续使用管道工具。如图 6-33 所示，使用与上一步完全相同的参数（管道直径 DN20mm，偏移值为-30mm），移动光标至上一步中绘制立管处位置，Revit 自动捕捉至该立管中心线，当出现夹点捕捉标志后单击作为管道起点，沿水平方向向右移动光标至蹲式便器进水口位置，视图中显示紫色方框夹点时单击，完成给水支管的绘制。

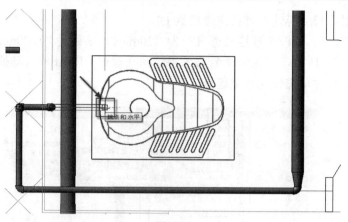

图 6-33

【提示】在管道与设备连接时，Revit 仅会捕捉设备族中定义为"接口"的图元位置。

完成一根给水支管的绘制后，可以使用相同的方式继续完成其他的给水支管。也可以可采用"复制"、"镜像"等编辑工具，将已有支管管制到其它蹲式便器位置。

8）选中已绘制完成的给水支管，自动进入"修改｜选择多个"选项卡。单击"修改"面板中的"复制"工具，勾选选项栏中"多个"选项，拾取蹲式便器中心线上任意一点作为基点，沿垂直向上方向移动光标，输入"900mm"作为复制距离，直到复制完成所有支管。结果如图 6-34 所示。

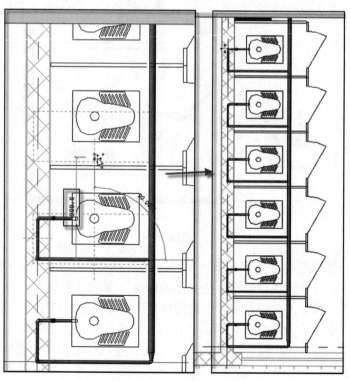

图 6-34

【提示】这一步骤还可以使用"阵列"命令完成，读者可自行尝试。

9）依次选中粘贴的偏移量为"3000mm"的横支管，如图 6-35 所示，拖拽该水平管道靠近横干管的端点控制点，当捕捉至横干管中心线，Revit 显示捕捉符号时后松开鼠标，Revit 将自动在干管与支管间创建垂直立管，实现管道的连接。

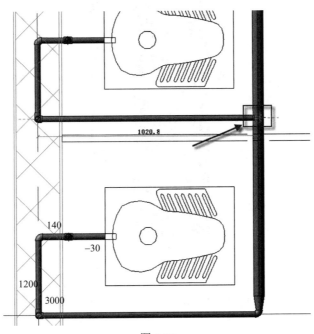

图 6-35

10）使用类似的方式，完成所有蹲式便器与干管的连接。

接下来，将使用类似的方式完成洗手台给水支管的绘制。与洗手台连接的支管的管径为 DN20mm。

11）使用管道工具。如图 6-36 所示，创建第一个洗手盆的支管。

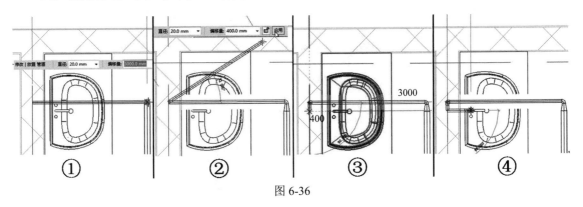

图 6-36

12）单个给水支管完成后，使用"复制"工具，完成其他洗手盆的给水支管，结果如图 6-37。使用完全相同的参数完成其它卫生间洗手盆给水支管。

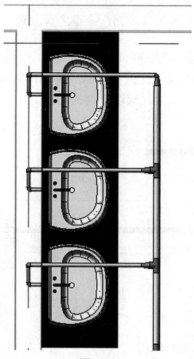

图 6-37

洗手台给水支管完成后，继续完成小便器给水支管。由于小便器与隔壁女厕所大便器共用一面隔墙且两两相对，导致两个卫生器具的立管会发生冲突，因此在绘制暗装支管时，确定其距墙为"50mm"。

13）如图 6-38 所示，使用图中所示参数绘制横支管，其中②号支管捕捉至小便器给水接口中心线位置。完成后按"Esc"键两次退出管道绘制状态。

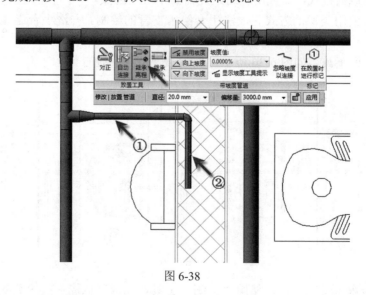

图 6-38

14）选择上一步中绘制的②号水平支管，配合使用临时尺寸标注修改其中心线距离左侧墙面距离为 50mm。

15）继续通过更改标高绘制立管。如图6-39所示,使用管道工具,设置管道直径为DN20mm,不激活"继承高程"选项,捕捉至第13步操作中绘制的②号水平支管端点位置作为管道起点;修改选项栏偏移量为"1400mm",单击应用创建垂直立管。继续绘制捕捉至小便器给水口中心位置单击,完成与小便器连接的管道。完成后按"Esc"键两次退出管道创建工具。

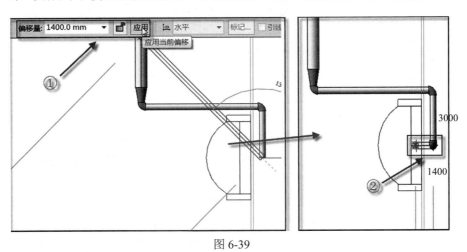

图 6-39

16）用同样的方法可完成其余小便器的给水支管的绘制,完成后如图6-40所示。

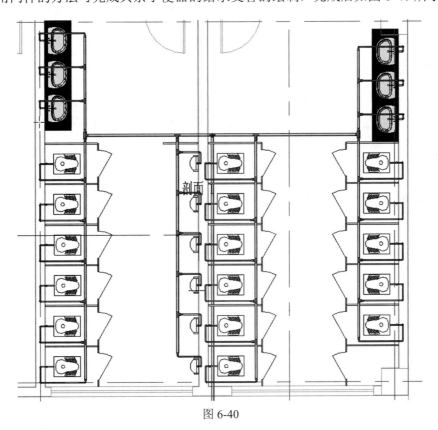

图 6-40

17）至此完成卫浴给水支管的创建。保存该项目文件,或打开光盘"练习文件\第 6 章

"\6-2-3.rvt"项目文件查看最终操作结果。

在 Revit 中，管道与卫浴装置连接时，必须连接至该装置的"连接件"位置。"连接件"为所采用的卫浴装置族中所定义。卫浴装置族中每一个连接件均可定义与该连接件连接时管道的大小和的作用，例如：家用冷水或家用热水。当管道与该接口连接时，管道会自动继承该连接件所定义的系统分类。当与设备连接件所需要的尺寸不同的管道与之连接时，Revit 会自动为管道添加过渡件。

Revit 共提供了 11 种管道系统分类："循环供水"、"循环回水"、"卫生设备"、"家用热水"、"家用冷水"、"通风孔"、"湿式消防系统"、"干式消防系统"、"预作用消防系统"、"其他消防系统"、"其他"。教学楼项目中，给水系统的系统分类均已在卫浴装置族中定义为"家用冷水"，因此给水管道在管道连接至卫浴装置后，其"属性"面板"系统分类"将自动修改为"家用冷水"，且不可更改，如图 6-41 所示。注意"系统分类"是 Revit 系统中预设的名称，Revit 不允许修改"系统分类"的名称，但允许用户根据自己的要求修改各"系统分类"下的"系统类型"名称。具体方法参见本书第 8 章相关内容。

若给水系统中含有需要做保温处理的管道，可以利用 Revit 的"添加隔热层"功能为管道创建保温层。如图 6-42 所示，选择管道图元后，单击"修改|管道"上下文选项卡"管道隔热层"面板中"添加隔热层"工具，弹出"添加管道隔热层"对话框。选择隔热层类型，设置隔热层厚度，即可沿管道生成隔热层。通过单击"编辑类型"可打开"隔热层类型"对话框，用于设置隔热层类型名称和采用的材质。在 Revit 中，隔热层是独立于管道的独立图元。

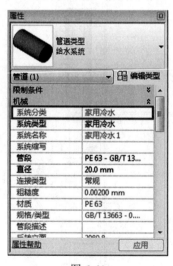

图 6-41

图 6-42

添加隔热层后，Revit 会在该管道的"属性"面板中，显示隔热层的类型、厚度等信息。在此不再赘述，读者可自行尝试和查看该参数。

6.3　绘制排水管道

使用类似的方式，可以绘制排水管道。与供水管道等有压管道不同的是，一般排水管道采用重力排水，因此即使绘制的管道为水平管道，也必须带有一定的坡度。

6.3.1　绘制排水主干管

在排水系统中，污水的流动是靠重力提供动力，因此排水横管必须有一定的坡度。绘制前需要进行坡度值设置。

1）接上节练习。切换至 1F 卫浴楼层平面视图。使用管道工具，如图 6-43 所示，单击"修改|放置管道"选项卡"带坡度管道"面板中"向上坡度"或"向下坡度"，在"坡度值"列表中可根据需要选择需要的坡度。本操作中，需要设置管道的坡度为 3%，但列表中并未出现该坡度。

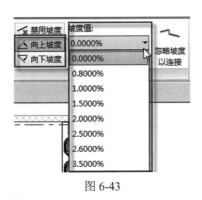

图 6-43

> 【提示】坡度列表中可用坡度值由项目样板中预设。

2）如图 6-44 所示，单击"系统"选项卡"机械"面板名称旁的右下箭头，打开"机械设置"对话框，切换至"坡度"选项，单击"新建坡度"按钮，在弹出"新建坡度"对话框中输入"3"，单击"确定"按钮即可添加新的坡度值。完成后再次单击"确定"按钮退出"机械设置"对话框。

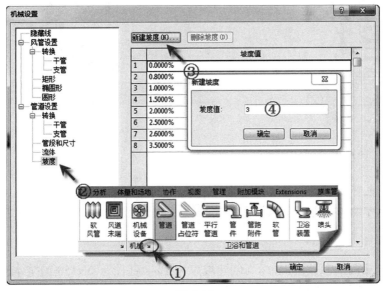

图 6-44

3）确认仍处于管道绘制状态。在"属性"面板类型选择器中，选择当前管道类型为"排水系统"；如图 6-45 所示，设置选项栏管道直径为 DN150mm，偏移量为-1400mm；设置"带坡度管道"面板中坡度生成方式为"向下坡度"，设置"坡度值"为 3%。

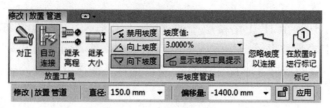

图 6-45

4）如图 6-46 所示，沿 5 轴线右侧沿垂直方向绘制主排水管线。Revit 会自动生成带坡度的横管。并在两端点位置显示管道的标高。

带坡度的管道绘制完成后，如果需要调整管道的坡度值可以用以下方法来进行调整。

5）选则上一步中绘制的管道，如图 6-47 所示，在管道中央会显示该管道的坡度值临时尺寸标注。单击该坡度值，坡度值变为可编辑状态，输入需要坡度 2%，按"回车"键确认即可。

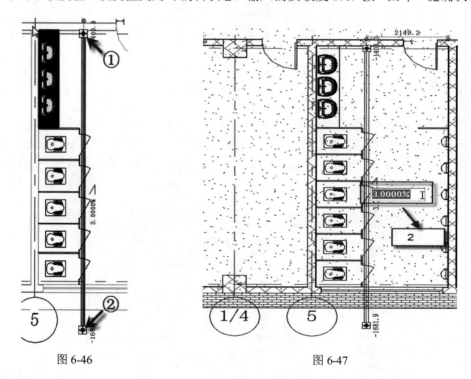

图 6-46　　　　　　　　　　　　　　　图 6-47

【提示】也可用管道两端的标高来控制整个管道的坡度。单击管道，选中一端的数值，该值成为可编辑状态，输入所需标高值。同法修改另一端的标高，即可修改整个管道的坡度。

6）使用完全相同的参数在 1F 标高创建坡度为 2%、直径为 DN150 的排水干管。如图 6-48 所示。所有 1F 排水干管均连接至室外主干管。

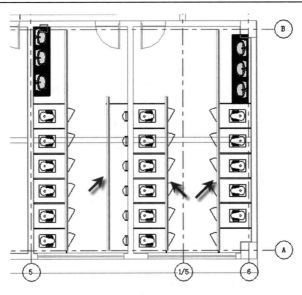

图 6-48

7）用同样的方法绘制"2F"、"3F"标高中坡度为 2%的排水横干管。由于层高及排水流量的原因，将 2F、3F 标高干管径改修改为"100mm"，起点偏移量均修改为"-500mm"，位置参考图 6-48 所示。注意所有 2F、3F 标高排水干管管道末端绘制至"A 轴线"位置结束。

【提示】完成 2F 排水横管布置后，可选 2F 标高中绘制的排水横管，利用"复制""与选定标高对齐"粘贴的方式绘制"3F"横管。

8）切换至"1F"视图。使用管道工具，设置当前管道类型为"排水系统"；如图 6-49 所示，激活"继承标高"选项，设置坡度方式为"禁用坡度"；设置选项栏管道直径为"100mm"，捕捉至 A 轴线与排水干管交点位置单击作为管道起点，沿 A 轴向左侧绘制至 5 轴线墙附近位置单击作为管道终点位置。

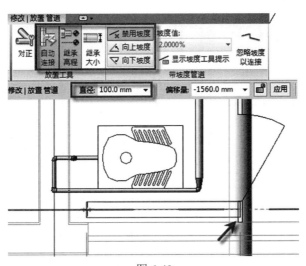

图 6-49

【提示】"继承标高"命令，指在绘制管道时，开启该功能，便会从已有管道的高程开始绘制。该功能在带坡度的横管引出支管时非常有用。

9）确认保持管道连接绘制状态。修改选项栏偏移量为"8400mm"，单击"应用"按钮完成立管绘制。

10）重复上述操作，沿 A 轴线完成其它立管绘制。

11）切换至"2F"楼层平面制图。使用"管道"工具，激活"继承标高"选项，设置坡度方式为"禁用坡度"；设置选项栏管道直径为"100mm"；如图 6-50 所示，捕捉至 2F 主干管道开端位置单击作为管道起点，沿水平方向右左绘制直到捕捉至立管中心位置单击完成管道绘制。使用同样方式完成其余横管和立管的连接。

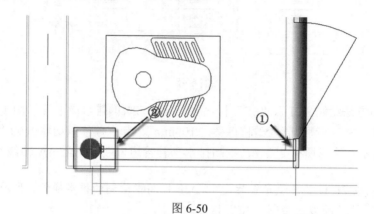

图 6-50

排水系统中，为保证污水及时迅速的排出以及排水系统中气压的稳定，需要将排水立管伸出屋面，形成通气管。所以还需要将排水立管加长。

12）切换至任意立面视图，如图 6-51 所示，选中垂直立管，适当放大视图。拖动管道顶部端点操作夹点，将其拉伸至屋顶标高位置，修改立管高度。使用类似的方式，修改其它立管高度。

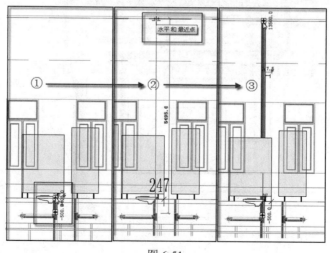

图 6-51

13）至此，完成排水主管道的绘制。保存该项目文件，或打开光盘"练习文件\第 6 章\6-3-1.rvt"项目文件查看最终操作结果。

排水管道的绘制与给水管道的绘制过程非常类似。不同在于可以在绘制管道时生成带有坡度的管道模型。生成带有坡度的管道模型时，请注意管道的绘制方向，以便于生成正确的管道排水。

6.3.2　绘制排水支管

完成排水主干管的绘制，接下来继续进行排水支管的绘制。

1）接上节练习。切换至"1F"楼层平面。使用管道工具，激活"继承标高"选项，设置坡度选项为"禁用坡度"；设置选项栏管径值为"100mm"；如图 6-52 所示，捕捉至蹲式便器中心延长线与干管中心线交点位置单击作为管道的起点；捕捉至蹲式便器排水接头中心位置单击结束管道绘制。Revit 将自动生成水平、垂直管线，以及不同管径间的过渡管件。使用同样方法可完成其余连接管道的绘制。

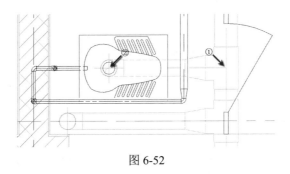

图 6-52

【提示】为便于操作，可以设置视图的视觉样式为"线框"模式。

2）完成管道与大便器连接支管的绘制后，接下来绘制小便器排支管。使用管道工具，激活"继承标高"选项，设置坡度选项为"禁用坡度"；设置选项栏管径值为"32mm"；如图 6-53 所示，捕捉至小便器中心位置延长线与干管中心线交点位置单击作为管道的起点；捕捉至小便器排水接头中心位置单击结束管道绘制。Revit 将自动生成水平、垂直管线，以及不同管径间的过渡管件。使用同样方法可完成其余连接管道的绘制。

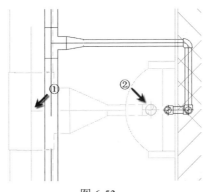

图 6-53

接下来，完成洗手池排水管道的绘制。

3）使用管道工具，激活"继承标高"选项，设置坡度选项为"禁用坡度"；设置选项栏管径值为"32mm"；如图 6-54 所示，捕捉至洗手盆中心位置延长线与干管中心线交点位置单击作为管道的起点；捕捉至洗手盆排水接头中心位置单击结束管道绘制。Revit 将自动生成水平、垂直管线，以及不同管径间的过渡管件。使用同样方法可完成其余连接管道的绘制。

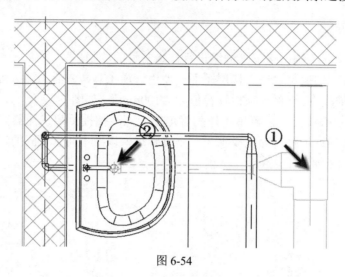

图 6-54

4）至此完成所有排水管线的绘制。保存该项目文件，或打开光盘"练习文件\第 6 章\6-3-2.rvt"项目文件查看最终操作结果。

排水支管的创建与主管和其它管线的创建类似，读者可以根据实际的需要创建任意形式的管网。

6.4　本章小结

通过本章的学习和教学楼给排水系统管道的创建，已经掌握了相关给排水系统管道的绘制及系统创建的基本方法。着重介绍了给排水横管、带坡度横管及立管的绘制，同时介绍了冷热水系统的创建方法。在实际项目中遇到与上述管道类似的系统均可按照上述方法绘制。在下一章中，将介绍如何添加管路附件。

第 7 章　添加管路附件

本章提要：
➤　添加阀门、存水弯管道主要附件；
➤　熟悉管道其他附件，如水封、清扫口的绘制方法。

在上一章中，已经完成教学楼项目给排水系统的管道系统绘制，这一章将利用 Revit 提供的管路附件工具，为给排水系统添加阀门、清扫口、管帽等管路附件。

7.1　添加阀门

在给排水系统中，横管及立管上都有控制管道系统启闭的阀门，因此在模型中同样需要添加阀门。这一节将主要介绍阀门的添加。

7.1.1　添加截止阀

本项目中，将在垂直给水立管位置添加 DN50 截止阀。为方便操作，需要创建剖面视图，以显示垂直方向的立管。

1）接 6.3.2 节练习，或打开光盘"练习文件\第 6 章\6-3-2.rvt"项目文件。切换至 1F 卫浴楼层平面视图。如图 7-1 所示，切换至"视图"选项卡，单击"创建"面板中"剖面"工具。进入剖面线绘制状态，自动切换至"修改|剖面"上下文选项卡。

图 7-1

2）确认"属性"面板"类型选择器"中当前剖面类型为"剖面 1"；适当缩放视图，如图 7-2 所示，沿水平方向从右至左方向在洗手盆位置绘制剖面线。Revit 将在该位置生成新的剖面视图。完成后按"Esc"键两次退出剖面绘制状态。

3）选择上一步中绘制的剖面线。单击右键，在弹出如图 7-3 所示右键快捷菜单中选择"转到视图"选项，切换至该剖面视图。

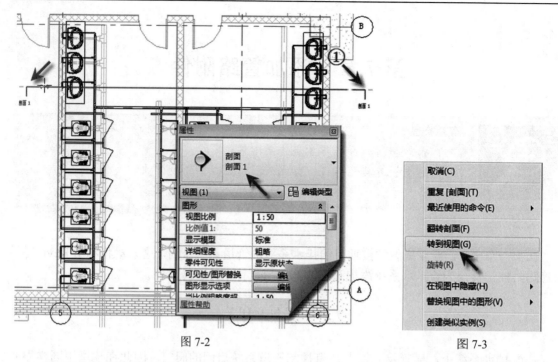

图 7-2   图 7-3

4）修改底部视图控制栏视图详细程度为"精细"，视图视觉样式为"颜色"模式；如图7-4 所示，Revit 将在该视图中以实体方式显示管道。图中箭头位置为给水主干立管，将在该立管位置添加止回阀。

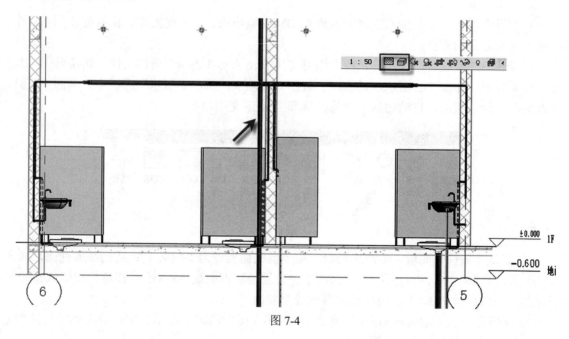

图 7-4

5）如图 7-5 所示，单击"系统"选项卡"卫浴和管道"面板中"管路附件"，进入管路附件绘制模式。

图 7-5

【快捷键】管路附件的默认快捷键为 PA。

6）如图 7-6 所示，在"属性"面板类型选择器下拉列表中选择"截止阀-6-50mm-法兰式-铜制，50mm"截止阀类型，该列表中默认类型来自于当前项目所使用的项目样板。注意此时阀门属性面板中"系统分类"和"系统类型"均为未定义。

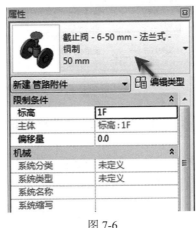

图 7-6

【提示】管路附件属于可载入族，可以根据需要载入任意需要的阀门族。

7）如图 7-7 所示，移动光标至 2F 之下立管位置，当捕捉至立管中心线时，Revit 会自动旋转阀门方向，使之与管线平行，单击放置截止阀图元。完成后按"Esc"键两次退出管路附件放置状态。配合使用临时尺寸标注，将该阀门定位于水平横管之下 800 位置。在修改阀门位置时，Revit 会自动保持管道与阀门相连。

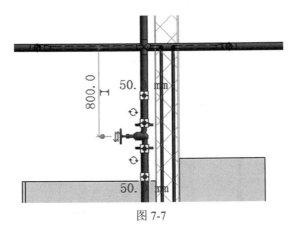

图 7-7

【提示】添加阀门还可以在三维视图中进行，读者可以自行尝试。

8）选择该阀门图元。单击图元附近放置符号 ⟳ ，可以管道中心线为轴按 90 旋转阀门。注意"属性"面板中，该阀门会自动继承所在管道的系统分类、系统类型及系统名称的设置，如图 7-8 所示。

限制条件	⚹
标高	1F
主体	标高：1F
偏移量	2200.0
图形	⚹
机械	⚹
系统分类	循环供水
系统类型	循环供水
系统名称	循环供水 2
系统缩写	
损失方法	使用有关类型的...
K 系数表	法兰式截止阀
K 系数	

图 7-8

9）保存该项目文件。或打开光盘"练习文件\第 7 章\7-1-1.rvt"项目文件查看最终操作结果。

管路附件会自动继承所连接管道的系统类型属性。这对于管道系统的管理将非常有效。在第 8 章中，将介绍如何利用管道的系统分类等信息进行不同管网系统的显示。请读者参考第 8 章相关内容。

7.1.2　添加卫生器具阀门

使用类似的方式，可以添加其它卫生器具的阀门。

1）接上节练习。切换至"1F"卫浴楼层平面视图。单击"插入"选项卡"从库中载入"面板中"载入族"工具，载入光盘"练习文件\第 7 章\RFA\卫生器具阀门.rfa"族文件。

2）由于该阀门将添加在与小便器及蹲式便器连接的立管位置，因此将继续利用上一节中创建的剖面视图，并修改该剖面线的位置与显示范围，以方便添加阀门。如图 7-9 所示，在平面视图选中剖面 1，将剖面线拖拽至分别拖动视图范围和视图深度控制夹点，至图中所示位置对剖视范围和深度进行调节。

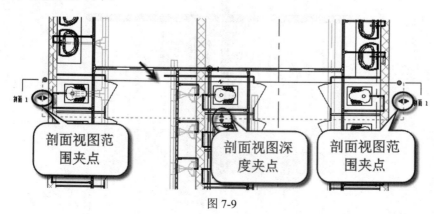

图 7-9

3）单击"视图"选项卡"窗口"面板中"关闭隐藏对象"工具，关闭所有未激活的视图。打开剖面 1 视图，单击"视图"选项卡"窗口"面板中"平铺"工具，平铺显示 1F 楼层平面视图以及剖面 1 视图。

【快捷键】窗口平铺的默认快捷键为 WT。

4）使用"管路附件"工具，在"属性"面板类型选择器中选择"卫生器具阀门：DN20mm"族类型。打开"类型属性"对话框，如图 7-10 所示，修改"阀门长度"值为 150mm，其它参数默认。完成后单击"确定"按钮退出"类型属性"对话框。

参数	值
材质和装饰	⊗
机械	⊗
尺寸标注	⊗
阀门长度	150.0
打开高度	120.0
公称半径	10.0 mm
公称直径	20.0 mm
套管直径	72.0

图 7-10

5）如图 7-11 所示，移动鼠标至小便器上方立管位置，捕捉至该立管中心线及立管中点位置时，单击放置卫生器具阀门。Revit 会自动打断管线与该阀门相连。完成后按"Esc"键两次退出管路附件放置状态。

6）单击选择上一步中放置的阀门图元。注意"属性"面板该阀门距离 1F 标高的偏移量为 1270.5mm。如图 7-12 所示，单击反转方向符号 ⇕ 反转阀门上下安装方向；单击旋转符号 ↻，直到将阀门反转至图中所示位置。注意此时在 1F 楼层平面视图中，已生成该阀门。

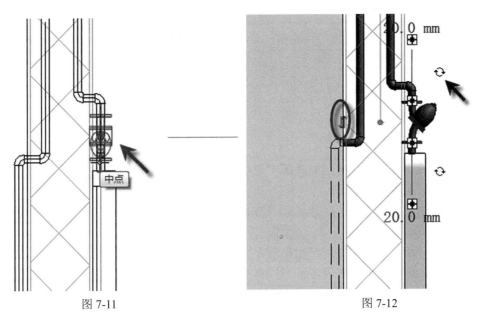

图 7-11　　　　　　　　　　　　　　　　　　　图 7-12

7）激活剖面视图。配合"Ctrl"键依次选择 1F 标高所有卫生间隔断图元；如图 7-13 所示，单击视图底部视图控制栏中"临时隐藏\隔离"按钮，在弹出菜单中选择"隐藏图元"，在剖面视图中隐藏所选择的卫生间隔断。

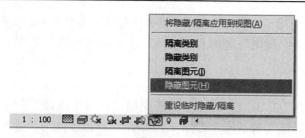

图 7-13

8）使用管路附件工具。确认"属性"面板类型选择器中当前族类型为"卫生器具阀门：DN20mm"族类型。如图 7-14 所示，捕捉至蹲式便器立管中心线位置，配合临时尺寸标注，当距离地面的高度为 700mm 时，单击，放置该阀门。

9）单击选择上一步中放置的阀门图元。注意"属性"面板该阀门距离 1F 标高的偏移量为 700mm。单击反转方向符号 ⬆⬇ 反转阀门上下安装方向；单击旋转符号 🔄，直到将阀门反转至如图 7-15 所示位置。

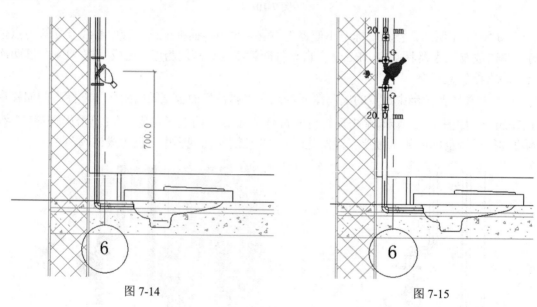

图 7-14   图 7-15

10）使用类似的方式，在剖面视图中完成其它蹲式便器阀门布置。重复 2~10 步操作，完成项目中所有给水阀门的布置。

11）保存该项目文件，或打开光盘"练习文件\第 7 章\7-1-2.rvt"项目文件查看最终操作结果。

阀门属于可载入族，允许用户根据需要定义任意形式的阀门族。在 Revit 默认的族库中，提供了安全阀、蝶阀、平衡阀等多种不同样式的阀门，供用户使用。

可以像 Revit 其它图元一样，选择阀门图元后，配合使用复制到剪贴板和与选定的标高对齐的方式，将 1F 标高中的阀门复制到 2F 标高。但复制后的阀门并不会自动连接 2F 的立管。需要使用拆分工具，将立管进行拆分后，分别拖动拆分后的管道端点操作夹点将管道连接到阀门连接件位置，如图 7-16 所示。注意拆分立管时，Revit 会自动在两段管道间生成活接头，注意将该活接头删除。

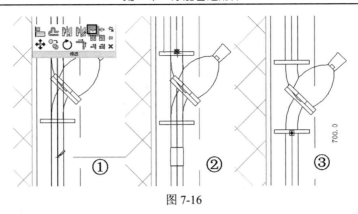

图 7-16

　　为提高管道编辑的效率，可以在创建卫浴装置为每个卫浴装置图元连接管线时，将管道与卫浴装置创建为组，然后再将组进行复制。组类似于 AutoCAD 中的图块，可以实现对任意的组进行修改后，Revit 自动更新所有组实例，以加快操作速度。限于本书的定位，不对组做特别说明。读者可参考中高级培训相关教材。

7.2　添加存水弯

　　建筑设备工程排水系统中，为防止排水系统中的臭气进入室内，污染室内空气环境，会在卫生器具后设置存水弯。本书第 6 章中，我们将排水系统的卫生器具和排水管道直接连接起来，没有设置存水弯。本节将向读者介绍存水弯的添加方法。

　　与上一节中添加管路附件类似，添加存水弯时要注意存水弯的插入点和方向，并灵活动用 Revit 的运用多视图功能进行添加，接下来，将以教学楼项目为例，说明添加存水弯的一般步骤。

　　1）接上节练习。切换到 1F 卫浴楼层平面视图。使用"关闭隐藏窗口"工具，关闭所有已打开的视口。打开剖面 1 视图，使用"平铺"工具将窗口平铺显示。

　　2）激活剖面 1 视图。使用拆分工具，如图 7-17 所示，在小便斗下方任意位置拆分垂直排水管道，Revit 会自动在拆分位置生成活接头管件。选择拆分后下方管道，拖拽管道端点操作夹点，将底部管道与管道连接件断开；选择管道连接件，按"Delete"键将其删除。

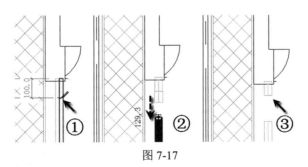

图 7-17

　　【提示】如果不将管线断开而直接删除管道连接件，Revit 会自动重新连接被拆分的管道。

3）单击"系统"选项卡"卫浴和管道"面板中"管件"工具，如图 7-18 所示，进入管件绘制模式。

图 7-18

【快捷键】管件的默认快捷键为 PF。

4）单击"模式"面板中"载入库"工具，载入光盘"练习文件\第 7 章\rfa\"目录下"S 型存水弯 - PVC -U - 排水.rfa"族文件。如图 7-19 所示，当捕捉至上方垂直管道端点位置，单击放置该存水弯管件族。完成后按"Esc"键退出管件创建模式。

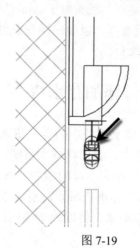

图 7-19

5）选择上一步中放置的存水弯图元。如图 7-20 所示，修改"属性"面板中"偏移量"值为 210，Revit 将自动修改该存水弯图元高度位置；注意 Revit 已经自动设置该管件的"公称半径"为 16.0mm，"公称直径"为 32.0mm；单击旋转符号🔄，直到将阀门反转至图中所示位置。

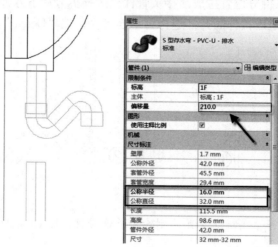

图 7-20

【提示】管件族会自动获取所连接管道的直径，并按管道直径修改自身直径值。

6）选择存水弯图元。如图 7-21 所示，右击存水弯下方管件操作夹点位置，在弹出右键菜单中选择"绘制管道"选项，进入管道绘制模式。

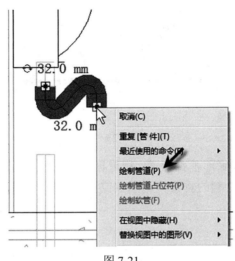

图 7-21

【提示】该夹点表示在管件族中该位置添加了管道连接件，用于连接管道。

7）如图 7-22 所示，Revit 将以存水弯该端点为起点绘制与存水弯公称直径相同的管道。沿垂直向下方向绘制任意长度管道。完成后按"Esc"键两次退出管道绘制模式。

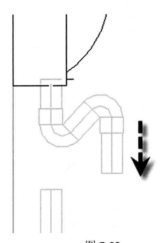

图 7-22

8）使用"修改"选项卡"修改"面板中"对齐"工具。确认不勾选选项栏"多重对齐"选项，其它参数默认；如图 7-23 所示，拾取上一步中绘制的管道中心线位置作为对齐的目标位置；再次拾取下方管道中心线，使两管道中心对齐。完成后按"Esc"键两次退出对齐修改模式。

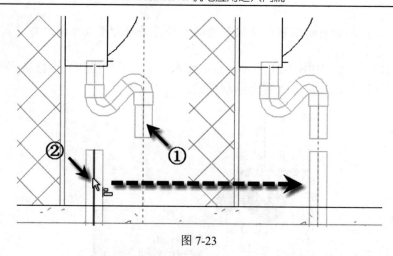

图 7-23

9）如图 7-24 所示，选择底部垂直管道。用鼠标左键按住变拖动管道顶部操作夹点修改管道长度；当捕捉至第 8 步中绘制的垂直管道端点位置时，松开鼠标左键，Revit 将自动连接两段管道。

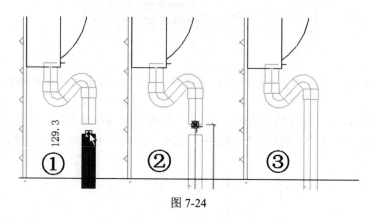

图 7-24

10）使用相同的方式，为其它小便器排水管位置添加存水弯。使用类似的方式，为所有洗手盆添加存水弯图元。

11）保存该项目文件。或打开光盘"练习文件\第 7 章\7-2.rvt"项目文件查看最终操作结果。

添加存水弯时，必须通过手动放置管件的方式放置。管件会自动继承所关联管道的管径值，并调整自身管径尺寸。

7.3 其它管路附件

管道系统中，除阀门和存水弯外，还有其他一些管道附件，这节我们将给大家介绍其他管道附件的绘制方法。

7.3.1 添加地漏

1）接上节练习。切换至 1F 卫浴楼层平面视图。载入光盘"练习文件\第 7 章\rfa\地漏.rfa"

地漏族文件。

2）单击"系统"选项卡"模型"面板中"构件"工具，进入"修改|放置构件"上下文选项卡。在"属性"面板类型选择器中，选择当前构件类族类型为"有水封地漏：65mm"；设置"放置"面板中放置方式为"放置在面上"，如图 7-25 所示。

图 7-25

3）如图 7-26 所示，沿 B 轴线在两侧卫生间洗手盆位置单击放置地漏图元，该地漏图元将放置在楼板表面位置。

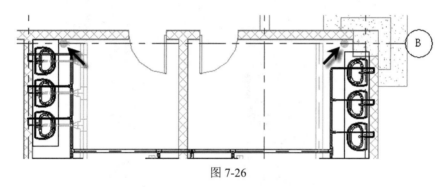

图 7-26

4）使用"管道"工具，确认当前管道类型为"排水系统"；修改选项栏管道直径为"65mm"，激活"继承标高"选项；如图 7-27 所示，捕捉地漏中心连接件位置作为管道起点，水平向右移动光标，直到捕捉至水平排水干管端点位置单击完成管道绘制，Revit 将自动连接地漏与排水干管。使用相同的方式，完成另一侧地漏与主干排水管的连接。

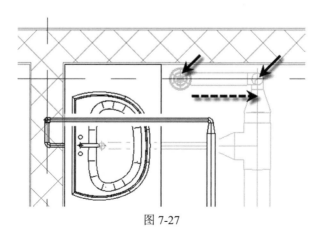

图 7-27

5）保存该项目文件，或打开光盘"练习文件\第 7 章\7-3-1.rvt"项目文件查看最终操作结果。

7.3.2　添加清扫口

在排水系统中，为方便清扫横管，使其畅通，通常在横管末端会设置清扫口，接下来就以教学楼项目为例，介绍如何为管道添加清扫口。

1）接上节练习。切换至 2F 卫浴楼层平面视图。适当缩放视图，显示 B 轴线附近排水横管的末端位置。

2）载入光盘"练习文件\第 7 章\rfa\清扫口.rfa"族文件。使用"管路附件"工具，确认"属性"面板类型选择器中，当前族类型为"清扫口：100mm"；移动光标至管道末端位置，当捕捉至管道末端中心线时，Revit 会自动旋转清扫口图元预览与管道方向相同。单击放置清扫口。结果如图 7-28 所示。

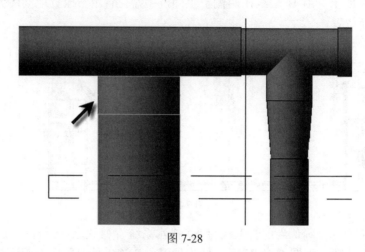

图 7-28

3）使用相同的方式，添加其它排水管道末端位置的清扫口。保存该项目文件，或打开光盘"练习文件\第 7 章\7-3-2.rvt"查看最终操作结果。

清扫口的添加与管路附件的添加操作过程类似。由上述操作可见，在 Revit 中进行管路附件、管件布置时，合适的管路附件或管件族是基础。

7.4　本章小结

本章主要向大家介绍了管道系统中管路附件的绘制方法，主要包含了阀门，存水弯，以及其他管路附件。添加附件的绘制方法都有一些相同之处，并且附件的添加方法与其他系统的附件添加方法有相似之处，可以灵活应用。到此完成了教学楼项目给排水系统的创建。下一章将创建消防系统管道。

第8章　消防系统

本章提要:
- ➢ 定义消防系统
- ➢ 布置消火栓箱
- ➢ 创建消防系统
- ➢ 创建消防管网
- ➢ 连接消火栓箱至管网
- ➢ 布置消防附件
- ➢ 进行系统检查
- ➢ 设置系统显示样式
- ➢ 添加系统材质

通过前几章的学习，已经完成了项目的准备和工作，并利用 Revit 的管道功能创建了卫浴管道系统以及管路附件。从本章开始，将为读者介绍消防系统的创建方法，并学习如何定义管道的系统类型。

8.1　定义消防管道系统

在日常生活中，不同使用功能的管道比较多，如冷却水、空调循环水、污水等，在卫浴管道的布置中，通过为管道创建不同的管道类型，来对不同用途的管道的材质和连接方式进行管理。事实上，同一种类型的管道在用于不同的用途时，还会有不同的"功能"，例如，同样的 PPR 管道，即可以输送热水成为"热水系统"管道，也可以输送冷水，成为"冷水系统"管道。Revit 中还提供了"系统分类"，用于定义管道的功能，对管道系统进行管理。因此在本章创建消防管道时，将先定义消防管道系统。管道系统中预定义了卫生设备、家用冷水、家用热水、循环供水、循环回水、干式消防系统、湿式消防系统、预作用消防系统、其它消防系统以及通风孔等十一种系统分类，系统分类无法增加、无法删除，但可以根据项目中的需要，基于某一个系统分类增加系统类型。Revit 当中提供了管道系统类型工具，允许用户使用该工具创建不同形式的管道系统类型。接下来，通过实际操作学习如何定义消防给水系统。

1）接上章练习，打开光盘"练习文件\第 8 章\8-0.rvt"项目文件。如图 8-1 所示，单击"项目浏览器"，单击"族"下拉列表，在列表中找到"管道系统"工具，单击"＋"号，打开管道系统下拉列表。

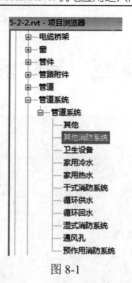

图 8-1

2）在管道系统中的"其他消防系统"分类下新建一个系统类型，如图 8-2 所示，选择"其他消防系统"，单击右键，在弹出列表中选择"复制"选项，则自动生成名称"其他消防系统2"的管道系统类型。

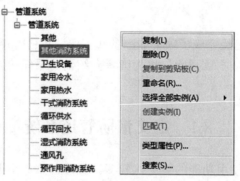

图 8-2

3）将"其他消防系统 2"管道系统重命名为"消防给水系统"。如图 8-3 所示，选择"其他消防系统 2"，单击右键，选择"重命名"选项，将类型名称修改为"消防给水系统"。

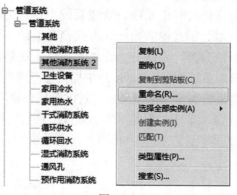

图 8-3

4）按"Esc"键两次返回，完成消防给水系统定义，结果如图 8-4 所示。保存该项目文件，或打开光盘"练习文件\第 8 章\8-1.rvt"项目文件查看最终操作结果。

图 8-4

在"项目浏览器"的"管道系统"中，可以根据需要，通过复制创建任意管道系统类型。用于区别管道的功能。在后面的章节中将为管道设置和应用管道系统类型。读者在使用时应牢记管道类型、系统分类和系统类型的区别。

8.2　布置消火栓箱

定义完消防给水系统，可以与创建卫浴装置类似，创建消防系统中的机械设备。本节学习如何布置消火栓箱。

1）接上节练习。切换到"1F"楼层平面视图，单击"系统"选项卡"机械"面板中"机械设备"工具，进入"修改|放置机械设备"上下文选项卡。

【快捷键】"机械设备"的默认快捷键为"ME"

2）在"修改|放置机械设备"上下文选项卡中，设置"放置"方式为"放置在垂直面上"，如图 8-5 所示，被选中后，将呈深色显示。

图 8-5

3）光标移动到"属性"选项板，在类型选择器下拉列表中选择设备类型为"室内消火栓箱：明装"，如图 8-6 所示。

【提示】该族由创建该项目时的采用的项目样板中预设。可以根据需要使用"载入族"工具从族库中载入机械设备族。

4）如图 8-7 所示，设置"属性"选项板中"限制条件"列表下设置"立面"高度为"960mm"，其他列表中，设置"明细表标高"为"1F"，即消火栓箱在 1F 距离地面 960mm 处垂直墙面安装。

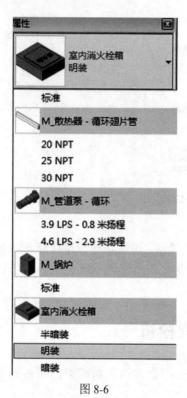

图 8-6

图 8-7

5）将光标移动到绘图区，采用鼠标滑轮放大 E 轴与 3 轴交界处，如图 8-8 所示，当墙壁上显示消火栓箱并出现临时尺寸标注时，沿墙移动消火栓箱，当临时尺寸标注距离右边墙体尺寸标注为 2000 时，单击在该位置放置消火栓箱。

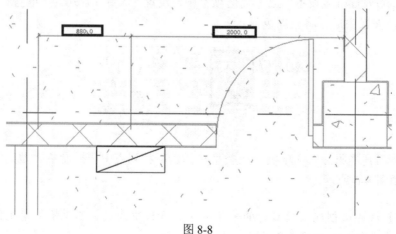

图 8-8

6）重复 2）～5）步骤，在 1F 其它位置布置消火栓箱共 4 个，完成后结果如图 8-9 所示。

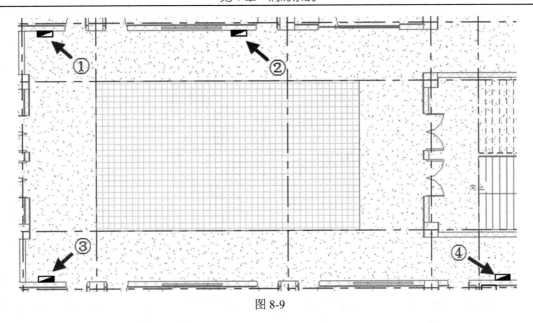

图 8-9

7）采用类似的方式继续布置 2F、3F 消火栓箱。由于在 2F、3F 与 1F 的相同位置处均有①、③、④号消火栓箱，如图 8-10 所示，配合使用"Ctrl"键依次选择①、③、④号消火栓箱。

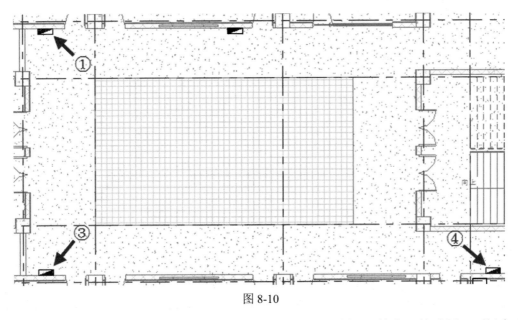

图 8-10

8）切换至"修改/机械设备"上下文选项卡，如图 8-11 所示，单击"剪贴板"面板中"复制到剪贴板"工具，将所选择图元复制到 Windows 剪贴板。单击"粘贴"工具下拉列表，在列表中选择"与选定的标高对齐"选项，弹出"选择标高"对话框。

9）如图 8-12 所示，在"选择标高"对话框中，列举了当前项目中所有可用标高名称。配合"Ctrl"键，依次选择 2F、3F 标高。完成后单击"确定"按钮将所选择消火栓箱对齐粘贴至 2F、3F 标高。

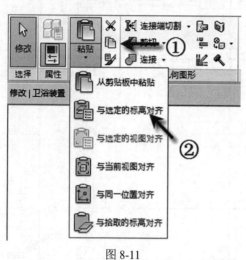

图 8-11

图 8-12

10）切换至 2F 楼层平面，Revit 已经在对应地方布置好①、③、④号消火栓箱，但由于1F 与 2F 结构布局不一样，2F 在 5 轴与 E 轴处还有一个消火栓箱，此时可以再次重复 2）～5）步骤，在 5 轴与 E 轴处放置消火栓②，完成后如图 8-13 所示。

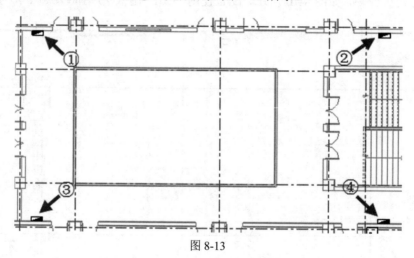

图 8-13

11）切换至 3F 层，其与 2F 一样，在 5 轴与 E 轴处包含一个消火栓箱，重复 7）～9）步骤，将 2F 层 2 号消火栓箱复制到 3F，至此完成教学楼所有消火栓箱布置。

12）保存该项目文件，或打开光盘"练习文件\第 8 章\8-2.rvt"项目文件查看最终操作结果。

机械设备的布置方式与本书前述章节中所述的卫浴装置的布置完全相同。放置时注意放置的工作平面即可。

8.3　创建消防系统

上一节中已经布置完成消防设备，每个消防设备族中均带有管道接口，用于与管道连接。本节学习创建消防系统。

1）接上节练习。切换至 1F 楼层平面，选择①号消火栓箱，自动切换至"修改|机械设备"上下文选项卡，如图 8-14 所示，在"创建系统"面板中，单击"管道系统"工具按钮，进入"创建管道系统"对话框。

2）在弹出的"创建管道系统"对话框中，如图 8-15 所示，在"系统类型"的下拉列表中选择 8.1 节中创建的"消防给水系统"，修改"系统名称"为"消防给水系统"，勾选"在系统编辑器中打开"选项，完成以后，单击确定按钮，进入"编辑管道系统"上下文关联选项卡。

图 8-14

图 8-15

【提示】在消火栓箱族中，预定义了该管道接口的系统分类为"其它消防系统"，因此在"系统类型"列表中，仅可在其它消防系统和消防给水系统中选择。

3）如图 8-16 所示，在"编辑管道系统"上下文关联选项卡中，单击"编辑管道系统"面板中"添加到系统"选项，开始向"消防给水系统"中添加其他消火栓箱设备。

图 8-16

4）光标移动到绘图区域，此时处①号消火栓箱外，其余图元均为半调色显示，依次单击拾取②、③、④号消火栓箱，选择完毕后如图 8-17 所示，被选择的消防栓箱不再以半调色显示。

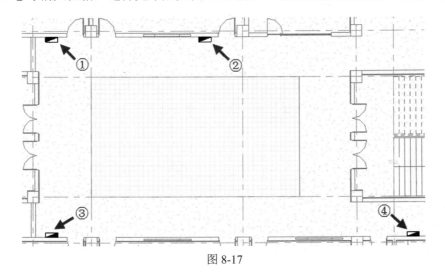

图 8-17

【提示】仅可将机械设备类图元添加至系统中。

5）切换至 2F 楼层平面视图。如图 8-18 所示，依次拾取 2F 标高中所有消防栓箱；使用相同的方式添加 3F 标高中所有消防栓箱，将项目中所有消火栓箱添加至系统中。

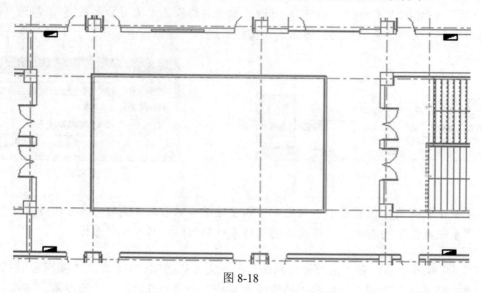

图 8-18

【提示】也可以切换至默认三维视图，在三维视图中依次拾取 2F、3F 标高中放置的消防栓箱。

6）返回"编辑管道系统"上下文关联选项卡，如图 8-19 所示，单击"完成编辑系统"按钮，完成系统创建，退出"编辑管道系统"模式。

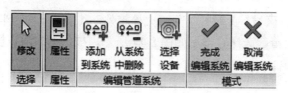

图 8-19

【提示】本例中，没有布置消防水泵等其他消防设备，如果布置了消防水泵，可以使用"编辑管道系统"中的"选择设备"选项，将设备添加到系统中。

7）在"视图"选项卡，"窗口"面板，"用户界面"下拉列表中，如图 8-20 所示，勾选系统浏览器，或者使用快捷键"F9"，在项目中打开"系统浏览器"界面。

8）在视图右侧的"系统浏览器"中，依次打开"管道"→"消防给水系统"下拉列表，如图 8-21 所示，在列表中罗列出所有属于"消防管道系统"的设备名称，以及设备流量等相关参数信息，可以通过它方便的检测和查找设备的图元信息，理清设备之间的逻辑关系，这里限于篇幅，不作详述，查看完毕以后，使用快捷键 F9 关闭系统浏览器。

图 8-20

图 8-21

9）保存该项目文件，或打开光盘"练习文件\第 8 章\8-3.rvt"项目文件查看最终操作结果。

在 Revit 中，"系统"属于逻辑概念，用于描述和管理同一功能的不同设备间的逻辑关系。Revit 利用"系统"管理所有当前同一任务下的设备、管道和管件间的逻辑信息。

8.4　布置消防管道

完成消防系统的定义后，可以在各设备间进行管道的连接。本节开始学习布置消防管道。

8.4.1　配置管道

在 Revit 中，"管道"属于系统族，可以在管道"类型属性"对话框中，用"复制"命令新建不同类型的管道，并在布管系统配置中定义消防管道的材质、尺寸以及绘制过程中自动生成的管件。

1）接 8.3 练习。单击"系统"选项卡"卫浴与管道"面板中"管道"命令，进入管道绘制状态。

2）如图 8-22 所示，单击"属性"面板中"编辑类型"按钮，打开"类型属性"对话框。

3）在"类型属性"对话框中，如图 8-23 所示，单击"复制"按钮，新建名称为"消防给水"的管道类型，完成后单击"确定"按钮返回"类型属性"对话框。

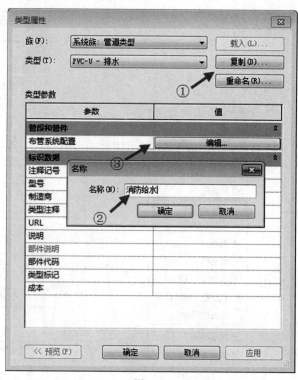

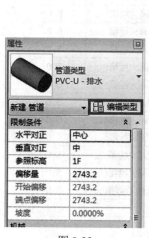

图 8-22   图 8-23

4）在管道"类型属性"对话框中，单击"管段和管件"列表下"布管系统配置"参数后的"编辑"按钮，弹出"布管系统配置"对话框，如图 8-24 所示，在"布管系统配置"中，可以定义消防给水管道的材质、大小以及在管道绘制过程中生成的管道配件。

布管系统配置

管道类型: 消防给水

管段和尺寸 (S)...   载入族 (L)...

构件	最小尺寸	最大尺寸
管段		
PVC-U - GB/T 5836	25.000 mm	300.000 mm
弯头		
弯头 - PVC-U - 排水: 标准	全部	
首选连接类型		
T 形三通	全部	
连接		
顺水三通 - PVC-U - 排水: 标准	全部	
四通		
无	无	
过渡件		
同心变径管 - PVC-U - 排水: 标准	全部	
活接头		
管接头 - PVC-U - 排水: 标准	全部	
法兰		
无	无	

确定   取消 (C)

图 8-24

5）首先配置"消防给水"所需管道材质和尺寸，在"布管系统配置"对话框中，单击"管段"栏下拉列表，如图 8-25 所示，在下拉列表中选择"钢、碳钢-Schedule80"，即管道材质为碳钢，管道壁厚规格为"Schedule80"。

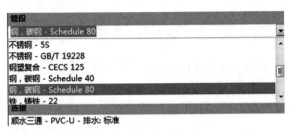

图 8-25

【提示】如"管段"下拉列表中没有所需选项，可以在"布管系统配置"对话框中的"管段和尺寸"中进行设置。

6）配置完管段材质以后，开始设置"消防给水"管道中所需要使用的管道尺寸，如图 8-26 所示，分别在"最小尺寸"和"最大尺寸"的下拉列表中选择"65.000mm"和"100.000mm"，即表示在本项目中消防管道的尺寸只有 DN65 至 DN100 范围的管线。

最小尺寸	最大尺寸
65.000 mm	100.000 mm
25.000 mm	40.000 mm
32.000 mm	50.000 mm
40.000 mm	65.000 mm
50.000 mm	80.000 mm
65.000 mm	100.000 mm
80.000 mm	110.000 mm

图 8-26

【提示】如在"尺寸"下拉列表中没有所需型号，也可以在"布管系统配置"对话框中的"管段和尺寸"中进行设置。

7）配置完管道的材质和尺寸后，接下来开始配置管网所需要的管件。在配置前需要将所需管件加载到当前项目中。在"布管系统配置"对话框中，单击"载入族"按钮，浏览至光盘"练习文件\第 8 章\RFA\"目录，配合"Ctrl"键，依次选择"M_变径三通-螺纹-可锻铸铁-150 磅级"、"M_变径四通-螺纹-可锻铸铁-150 磅级"、"M_变径弯头-螺纹-可锻铸铁-150 磅级"、"M_管接头-螺纹-可锻铸铁-150 磅级"及"M_同心变径管接头-螺纹-可锻铸铁-150 磅级"管件族，完成后单击"打开"按钮载入所选择族，返回布管系统配置对话框。

8）在"布管系统对话框"中，如图 8-27 所示，分别设置管道"弯头"为上一步中载入的"M_变径弯头-螺纹-可锻铸铁-150 磅级-标准"；设置"首选连接类型"为"T 形三通"；设置"三通"、"四通"、"过渡件"、"活接头"分别为"M_变径三通-螺纹-可锻铸铁-150 磅级"、"M_变径四通-螺纹-可锻铸铁-150 磅级"、"M_同心变径管接头-螺纹-可锻铸铁-150 磅级"及"M_管接头-螺纹-可锻铸铁-150 磅级"管件族；所有管件的"尺寸"范围均设置为"全部"；法兰设置为"无";完成以后单击"确定"按钮返回"类型属性"对话框,再次单击确定完成"消防给水"管道类型配置。

弯头	
M_变径弯头 - 螺纹 - 可锻铸铁 - 150磅级: 标准	全部
首选连接类型	
T 形三通	全部
连接	
M_变径三通 - 螺纹 - 可锻铸铁 - 150磅级: 标准	全部
四通	
M_变径四通 - 螺纹 - 可锻铸铁 - 150磅级: 标准	全部
过滤件	
M_同心变径管接头 - 螺纹 - 可锻铸铁 - 150磅级: 标准	全部
活接头	
M_管接头 - 螺纹 - 可锻铸铁 - 150磅级: 标准	全部
法兰	
无	无

图 8-27

【提示】如果某一种管道类型,在不同的尺寸范围内采用不同的管段和不同的管件,这时也在"布管系统配置"对话框中,通过"+"按钮,进行添加。

9)至此完成了消防管道材质和可用尺寸的设置。保存该项目文件,或打开光盘"练习文件\第 8 章\8-4-1.rvt"项目文件查看最终操作结果。

Revit 中各管道均通过管道类型属性进行定义。用于区分不同的材质、可用管径范围以及采用的连接管件,与本书第 6 章中介绍的管道设置完全相同。

8.4.2   布置消防立管

与给排水管道创建过程类似,配置完消防管道类型后,接下来开始绘制消防立管。

1)接上切练习。视图切换至"1F"卫浴楼层平面视图。如图 8-28 所示,单击"系统"选项卡"工作平面"面板中"参照平面"工具按钮,进入"修改|放置参照平面"上下文选项卡。

图 8-28

【快捷键】"参照平面"工具的默认快捷键为 RP。

2)在"修改|放置参照平面"上下文选项卡"绘制"面板中选择参照平面的绘制方式为"直线";如图 8-29 所示,光标移动到①消火栓箱右上方,适当放大视图,在①消火栓箱右上方,沿水平与垂直方向绘制两条正交的参照平面,绘制完毕后使用"Esc"键退出参照平面绘制状态。

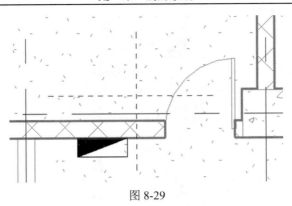

图 8-29

3）如图 8-30 所示，选择水平参照平面，此时"参照平面"将与墙表面之间显示临时尺寸标注，单击临时尺寸标记数值，修改数值为 200，修改完毕以后单击绘图空白区域，此时参照平面位置移动，距离墙变为 200，即立管中心距离墙表面距离为 200mm。

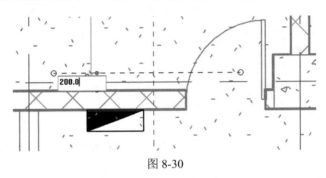

图 8-30

4）使用类似的方式，设置垂直参照平面距离右墙表面距离为 1600mm，完成以后如图 8-31，参照平面的交点即为所要布置的立管中心。

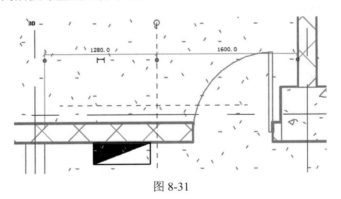

图 8-31

5）使用"绘制管道"工具，在"属性"面板"类型选择器"下拉列表中，选择"消防给水"管道类型。如图 8-32 所示，设置管道的"水平对正"为"中心对正"，"垂直对正"为"中"对正，参照标高为"1F"，"偏移量"为"960"，机械当中"系统类型"为"消防给水系统"，"直径"为"100mm"，即绘制管道的大小为 100mm，管道起点为距离 1F 楼层平面 960mm。

【提示】注意"直径"列表中，仅可选择 DN65~DN100 的值。

图 8-32

6）设置完成后，移动光标捕捉至绘图区域两参照平面的交点位置单击确定为管道布置的起点。如图 8-33 所示，修改选项栏"偏移量"为"11600 mm"，即管道的终点为管径距离 1F 楼层平面为 11600mm，单击"应用"按钮生成消防立管。

图 8-33

【提示】为显示真实的管道样式，需要修改视图详细程度为"精细"。

7）重复 1）～7）操作步骤，如图 8-34 所示，分别布置②、③以及④消防立管，由于②立管在 1F 处没有消火栓箱，其连接一层水平管，因此设置其立管起始偏移量均为 3500mm，终点偏移量均为 11600mm。

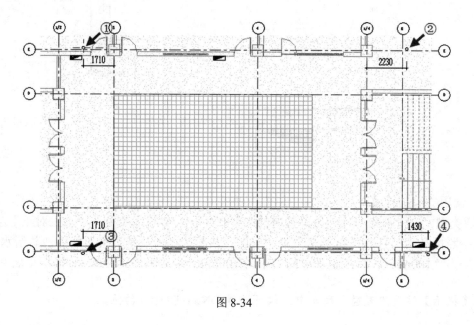

图 8-34

8）至此完成消防系统立管布置。切换至默认三维视图，设置视图详细程度为精细，视图样式为隐藏线，完成后消防管线如图 8-35 所示。

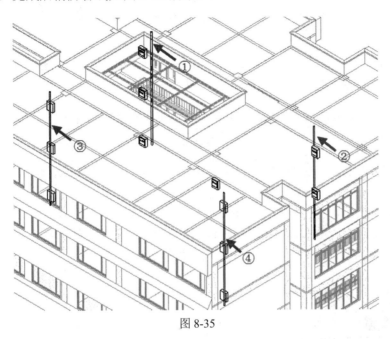

图 8-35

9）保存该项目文件。或打开光盘"练习文件\第 8 章\8-4-2.rvt"项目文件查看最终操作结果。

在绘制管道时，通过"属性"面板中管道直径与选项栏中管道直径可用直径列表均由管道的类型属性中"管段"最小尺寸及最大尺寸设置范围决定。该值取决于"机械设置"对话框中"管段和尺寸"中的设置。

8.4.3　绘制消防水平管道

由于管道在粗略模式下为单线显示。为便于观察，在视图样板中修改"机械视图"样板中的显示"详细程度"为"精细"，显示模式为"线框"，如图 8-36 所示。参见本书第 6 章相关内容，在此不再赘述。

图 8-36

接下来将继续绘制消防系统的水平管道。

1）接上节练习。切换至"1F"卫浴楼层平面视图。使用"管道"工具，如图 8-37 所示，在"修改|放置管道"上下文选项卡，放置工具面板中选择"自动连接"即当捕捉到立管时，水平管与支管之间自动生成布管系统配置中定义的管件族使两者自动连接。由于消防水平管道布置没有坡度，在"带坡度管道"面板中选择"禁用坡度"选项。不激活"继承高程"选项，其它设置参照图中所示。

图 8-37

2）如图 8-38 所示，修改在选项栏管径为 100mm，偏移量为 3500mm，即绘制管道大小为 100mm，管道标高距离 1F 楼层平面 3500。

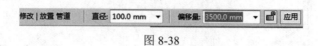

图 8-38

3）如图 8-39 所示，修改"属性"面板"类型选择器"中，设置管道类型为"消防给水"，确认参照标高为"1F"，系统类型为"消防给水系统"。

4）如图 8-40 所示，将光标移动绘图区域，在 1F 布置①号至③号消防给水立管之间的水平管道，捕捉①消防立管中心，当出现捕捉标记时，单击指定为管道的起点。向下移动光标，当同样捕捉到③号消防立管后，再次单击，确定为管道终点。

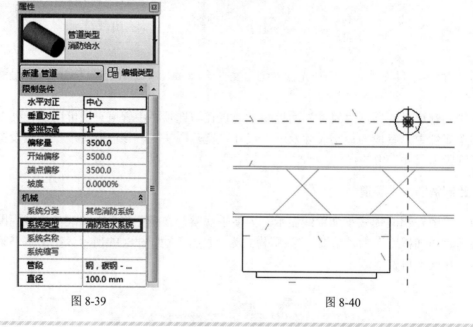

图 8-39   图 8-40

【提示】如果已知管段的长度，在绘制管道，移动光标时，可以直接通过键盘输入管段的距离确定管道的终点。

5）Revit 在所拾取的两立管位置之间生成 DN100mm 标高 3500mm 的水平管道，如图 8-41 所示。在水平管与立管之间按照管道布管系统配置中指定的三通类型进行连接。

6）使用相同的管道参数，移动光标至③号消防立管位置，当捕捉至立管中心线时单击作为管道起点；适当视图缩放到④号消防给水立管区域，水平向右移动光标，如图 8-42 所示，当远捕捉到④号立管中心线时，单击生成水平管道。

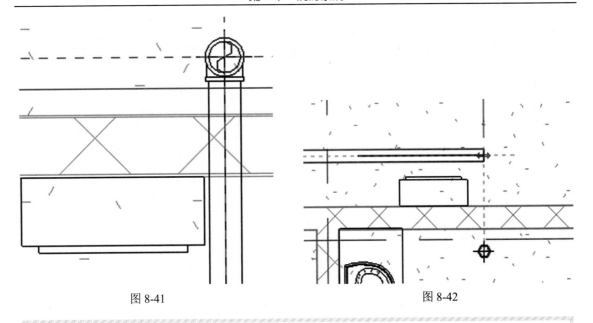

图 8-41   图 8-42

【提示】只有开启了"捕捉远距离对象"选项，才可以在绘制时捕捉至其它对象。

7）如图 8-43 所示，继续向下拖动光标，直到捕捉到④号立管中心位置再次单击，水平管道之间生成弯头的同时，水平管与立管通过三通进行连接。

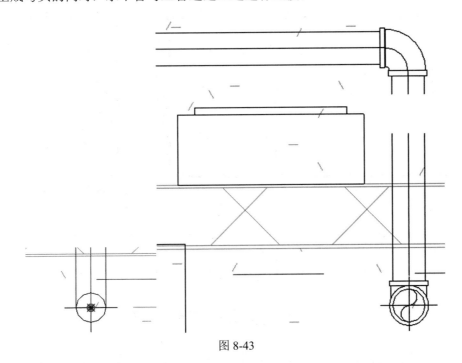

图 8-43

8）重复以上操作，使用相同的参数绘制其余水平管段，结果如图 8-44 所示。绘制连接④、⑤水平管的室外的埋地管道时，修改"属性"面板"偏移量"值为-1400，单击应用按钮，Revit 将自动修改所选择管线的标高及与该管线关联的三通管件。

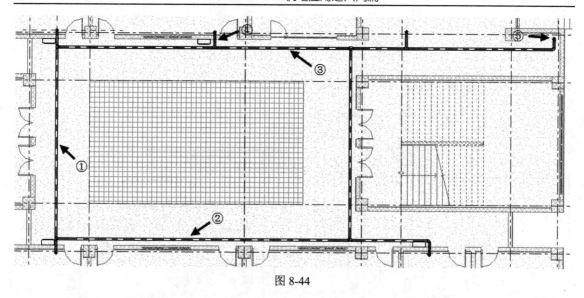

图 8-44

9）重复 1）～7）操作步骤，使用相当的参数在 2F、3F 中布置环状管网，完成后如图 8-45 所示。

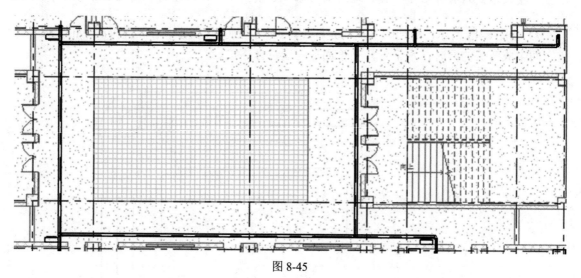

图 8-45

10）至此完成了消防系统水平管网的布置。保存该项目文件，或打开光盘"练习文件\第 8 章\8-4-3.rvt"项目文件查看最终操作结果。

在 Revit 中绘制水平管道时，按住"Shift"键，可将绘制方向约束在水平或垂直方向。

8.5　连接消火栓箱至管网

创建完成主干消防管道后，接下来，将进一步创建管道，连接消火栓箱至管网。

1）接上节练习。切换至"1F"卫浴楼层平面视图。在绘图区域选择①号消火栓箱，如图 8-46 所示，当消火栓被选中后，其下端接口处将显示管道连接标记。

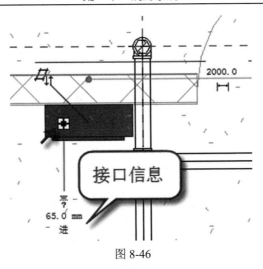

图 8-46

2）右击管道连接标记，如图 8-47 所示，在弹出快捷菜单中选择"绘制管道"选项。Revit 自动进入"修改|放置管道"上下文选项卡，并以所选择的消火栓箱接口位置为起点开始绘制管道。

3）如图 8-48 所示，在"修改|放置管道"上下文选项卡"放置工具"面板中，激活"自动连接"、"继承高程"和"继承大小"选项，即所创建的管道与消火栓箱中定义的接口大小相同，管道起点标高与接口标高一致。激活后，工具深蓝色显示。

图 8-47   图 8-48

【提示】也可以使用快捷键"空格"键来实现继承管道的高程和大小。

4）如图 8-49 所示，移动光标至①号消防立管位置，当捕捉到消防立管中心时，单击确定管道放置的终点。Revit 将在消火栓箱与所选择立管间生成水平管道，并自动生成相应弯头、三通管件。

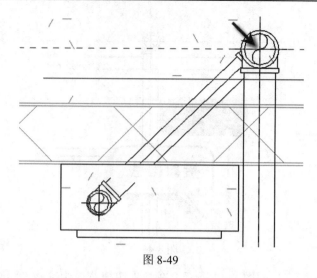

图 8-49

5）切换至三维视图，连接后管线如图 8-50 所示。

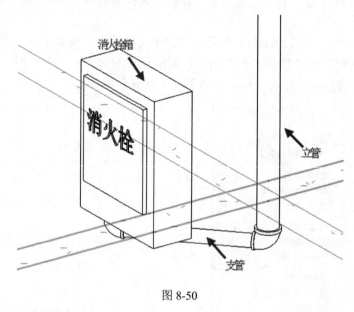

图 8-50

6）使用类似的方式，分别完成 1F、2F、3F 标高中所有消防栓箱与消防立管的连接。

7）保存该项目文件，或打开光盘"练习文件\第 8 章\8-5.rvt"项目文件，查看最终操作结果。

为方便对立管的捕捉，可以将视图的视觉样式切换到线框模式以方便捕捉。

8.6　布置管道附件

消防系统往往需要布置一些管道附件如阀门等，本节学习如何布置管道附件。

1）接上节练习。切换到"1F"卫浴楼层平面视图。单击"系统"选项卡"卫浴和管道"面板中"管路附件"工具，进入"修改|放置管路附件"上下文选项卡。

2）如图 8-51 所示，在"属性"面板"类型选项器"中选择当前阀门类型为"闸阀-法兰 -100mm"，注意此时系统分类与系统类型均显示为"未定义"。

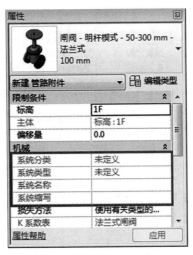

8-51

【提示】可以使用"载入族"工具，载入任意自定义的阀门族。

3）如图 8-52 所示，移动光标靠近①号消火栓箱水平管道位置，当捕捉到该管道中心线时，闸阀将变为与管道布置方向平行。单击，将在该位置放置阀门图元，阀门添加到管道中间的同时管线被打断。

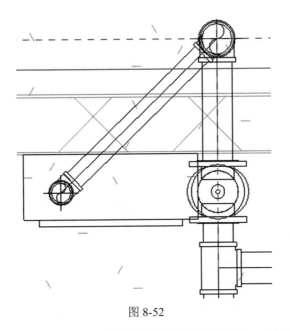

图 8-52

【提示】可以利用临时尺寸标注修改管路附件的位置。

4）选择上一步中放置的闸阀图元，如图 8-53 所示，在"属性"面板中"系统分类"、"系统类型"及"系统名称"将自动继承与之连接的管道的系统分类"、"系统类型"及"系统名称"。

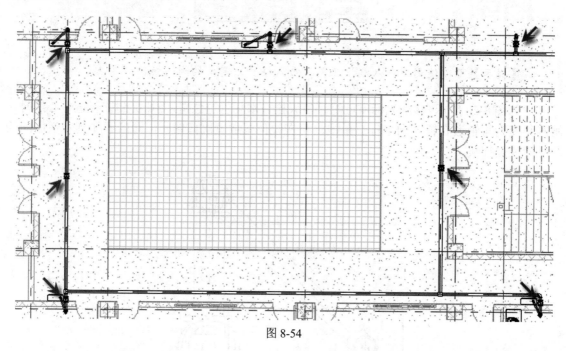

机械	⌃
系统分类	其他消防系统
系统类型	消防给水系统
系统名称	消防给水系统
系统缩写	
损失方法	使用有关类...
K 系数表	法兰式闸阀
K 系数	

8-53

5）使用类似的方式，重复 1）～4）操作步骤，在 1F、2F 及 3F 消防管道系统的其它位置布置阀门图元。完成后如图 8-54 所示。

图 8-54

6）至此完成管道附件的布置。保存该项目文件，或打开光盘"练习文件\第 8 章\8-6.rvt"项目文件，查看最终操作结果。

8.7　消防系统检查

前面几节，完成了消火栓箱布置，消防管道布置，管道附件布置。在工程中，管道与设备必须正确相连，才能使系统正常运行。Revit 中定义了系统后，必须确保所有的机械设备均已与管道正确相连。Revit 提供了检查管道系统的功能，用于检查系统是否完整。这一节，学习使用 Revit 当中的系统检查工具，对消防系统的完整性进行检查。

1）接上节练习。如图 8-55 所示，切换至"分析选项卡"，在"检查系统"选项板中与管道系统检查相关的工具有"检查管道系统"和"显示隔离开关"两个工具。

图 8-55

2）单击"检查管道系统"工具，Revit 检查当前项目中所有的管道系统连接是否正确连接。当存在没有连接好的管道系统时，Revit 会弹出警告信息。由于本项目中所有消防栓箱均已与管道正确相连，因此启用该选项时 Revit 不会提示没有定义的系统选项。

3）单击"显示隔离开关"工具，弹出"显示断开连接选项"对话框。如图 8-56 所示，勾选"管道"选项，即显示所有管道中开放的端点位置，单击"确定"按钮退出该对话框。

4）如图 8-57 所示，Revit 在视图中将显示没有连接至设备的开放的管道端点，并在该端点位置显示隔离开关符号 ⚠。

图 8-56

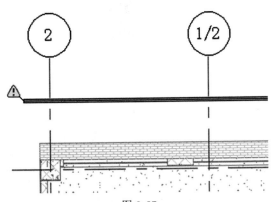

图 8-57

5）单击"隔离开关"符号 ⚠，Revit 将弹出如图 8-58 警告提示，提示用户显示该符号的原因，方便用户对该位置进行修改。在本项目中由于该点需要连接至室外供水位置，因此忽略该警告。

图 8-58

6）至此完成系统检查工作。不保存对项目的修改。

利用检查管道系统和显示隔离开关工具，可以方便用户对所定义的系统的完整性进行检查，防止出现管线连接的遗漏。

8.8　定义消防管道显示样式

定义了管道的系统后，可以通过对管道系统进行显示或渲染材质的设置，以满足不同的显示要求。

8.8.1 定义视图过滤器

Revit 提供了视图过滤器工具，通过自定义过滤器，可以根据管道系统在视图中显示为不同的图形表达样式。例如，可以定义在视图中将所有属于消防系统的管线显示为红色线条。本节将学习如何定义消防管道系统显示样式。

1）接上节练习。切换至 1F 卫浴楼层平面视图。单击"视图"选项卡"图形"面板中"过滤器"工具。弹出"过滤器"对话框。如图 8-59 所示，单击"新建"按钮，弹出"过滤器名称"对话框。

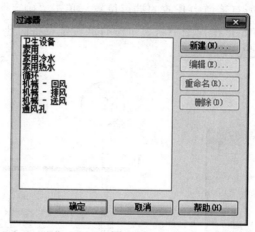

图 8-59

【提示】"过滤器"对话框中默认显示的"卫生设备"、"家用"等过滤器为项目样板中预设过滤器。

2）如图 8-60 所示，在"过滤器名称"对话框中输入名称为"消防给水系统"作为新过滤器器名称；确认过滤器的定义方式选择为"定义条件"；完成后单击"确定"按钮进入"过滤器"定义对话框。

3）如图 8-61 所示，在"过滤器"定义对话框"过滤器"名称列表中，确认当前过滤器为"消防给水系统"；在"过滤器列表"下拉列表中选择"管道"规程，在类别中勾选"管道"、"管件"、"管路附件"以及"机械设备"类别，在右侧"过滤器规则"中，设置"过滤条件"为"系统名称"，过滤依据为"包含消防给水"，即 Revit 将过滤"系统名称"参数中所有包含"消防给水系统"的机械设备、管件、管道及管路附件。完成后单击"确定"按钮两次完成"消防给水"过滤器的定义。

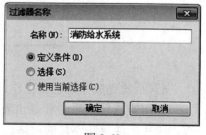

图 8-60

【提示】Revit 以规程显示属于不同规程下的对象类别，方便用户在 Revit 支持的所有图元类别中进行选择。

图 8-61

4）单击"视图"选项卡"图形"面板"可见性/图形"工具按钮，打开"可见性/图形替换"对话框。如图 8-62 所示，切换至"过滤器"选项卡，单击"添加"按钮，弹出"添加过滤器"对话框；该对话框中列举了项目中所有可用过滤器。选择上一步中创建的"消防给水系统"，单击"确定"按钮返回"可见性/图形替换"对话框。

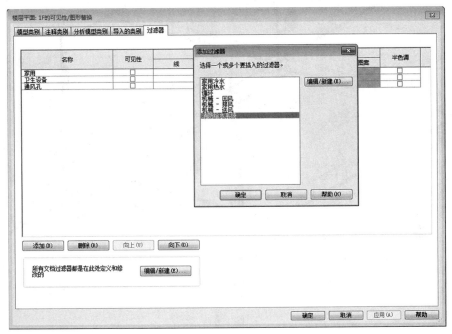

图 8-62

5）在"可见性/图形替换"对话框中勾选"消防给水"过滤器的"可见性"复选框。单击"投影/表面"填充图案中"替换"按钮，弹出如图 8-63 所示的"填充样式图形"对话框。确认勾选"样式替换"中"可见"选项；设置填充样式中的颜色为"红色"，修改填充图案为"实体填充"；完成后单击"确定"按钮返回"可见性/图形替换"对话框；再次单击"确定"按钮，完成视图过滤器的显示设置。

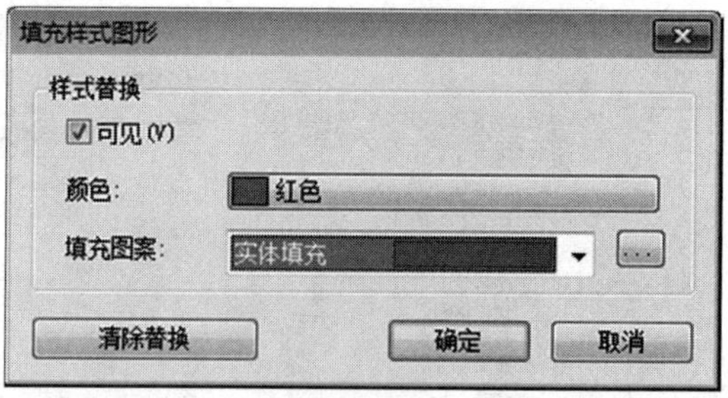

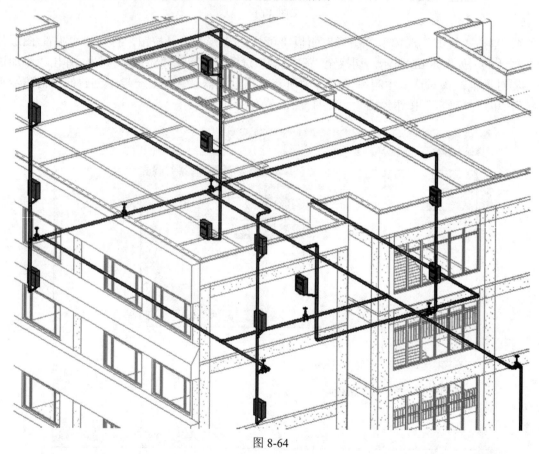

图 8-63

6）注意此时 1F 楼层平面视图中管线已填充为红色显示。切换到三维显示，重复 4）～5）操作步骤，三维视图中添加过滤器。修改底部视图控制栏"视图详细程度"为"精细"，修改"视觉样式"为"着色"。创建的消防系统如图 8-64 所示。

图 8-64

7）保存该项目文件，或打开光盘"练习文件\第 8 章\8-8-1.rvt"项目文件查看最终操作结果。

在 Revit 中定义视图过滤器后，必须在视图中通过"可见性/图形替换"对话框对过滤器进行显示配置。所有满足过滤器中定义条件的图元，都将按过滤器中定义的显示方式显示在视图中。对于不同系统的管线，可以通过分别定义不同的过滤器的方式，在视图中显示为不同的颜色，以便进行区分。

8.8.2　添加消防管道系统材质

Revit 中可以为管道指定不同的渲染材质。与 Revit 的其它图元不同，管道的材质是在管道系统类型属性中进行设置，以实现不同系统的管道在渲染时显示为不同的材质。本章学习如何定义管道系统的材质以满足渲染中的可视化要求。

1）接上节练习。在"项目浏览器"中展开"族"类别，在列表中展开"管道系统"类别，右击"消防给水系统"，在弹出列表中选择"类型属性"选项，打开"类型属性"对话框。如图 8-65 所示，在"类型属性"对话框中，单击"装饰与材质"参数后浏览按钮，打开"材质浏览器"对话框。

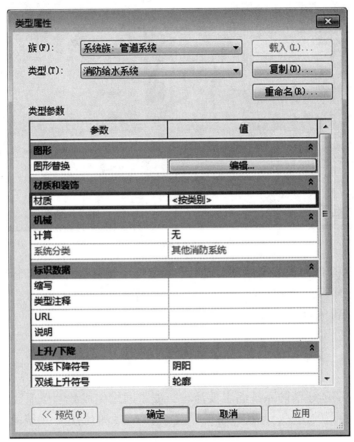

图 8-65

2）如图 8-66 所示，在"材质浏览器"对话框底部展开"AEC 材质"列表，该列表中列举了 Revit 中所有可以使用的预定义材质类别。在材质类别列表中选择"金属"材质类别，将在右侧显示所有属于"金属"类别的材质名称。在材质"名称"列表中双击系统自带的"钢、镀锌"，该材质将添加到顶部"在文档材质中"列表。在"文档材质中"材质列表中选择上一步中添加的"钢、镀锌"材质，单击"确定"按钮，返回到管道系统"类型属性"对话框。

3）在"类型属性"对话框中，单击"确定"按钮，退出"类型属性"对话框，完成管道系统材质添加。

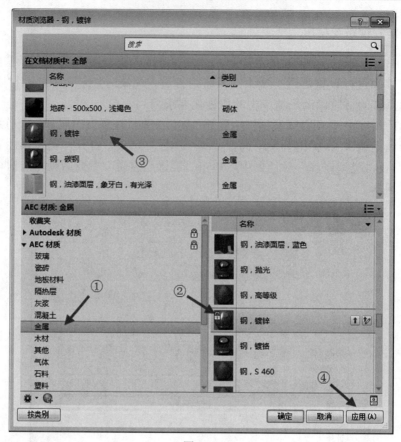

图 8-66

Revit 通过管道系统的类型属性，实现对不同管道系统材质的定义和管理，用于在渲染三维视图时表现更为逼真的展示效果。在本书第 10 章中将介绍如何在 Revit 中进行渲染和表现。请读者查看本书第 10 章相关内容。

8.9　本章小结

本章主要讲解了创建消防系统的主要流程。要求通过完成教学楼项目消防系统的创建，掌握 Revit 中系统类型的定义、系统设备的布置、系统管线的创建、系统视图显示的设置、系统材质添加的方法。

第9章 碰撞检查

本章提要：
➢ 执行碰撞检查命令
➢ 查找碰撞位置
➢ 导出碰撞报告

通过前几章的学习已经建立了教学楼项目卫浴系统和消防系统。在管线设计和安装过程中，为确保各系统间管线、设备间无干涉、碰撞，还必须对管道各系统间以及管道与梁、柱等土建模型间进行碰撞检测。Revit 提供了碰撞检查工具，用于对管道及构件间进行碰撞检查。本章学习如何使用 Revit 中的碰撞检查工具进行冲突检测。

Revit 中的碰撞检查工具，主要用来检查项目内图元之间以及项目图元与项目链接模型之间无效的交点，即发生碰撞的图元以及碰撞位置，通过使用该命令可以快速准确的找到各专业、系统之间布置不合理之处，从而降低设计变更和成本超限的风险。

9.1 运行碰撞检查

9.1.1 项目内图元之间碰撞检查

项目内图元碰撞检查，指检测当前项目中图元与图元之间的碰撞关系，可按照图元分类进行图元整体的碰撞检查，同时，也可以执行指定图元之间的碰撞检查。

1）接上章练习，或打开光盘"练习文件\第 8 章
\8-8-1.rvt"项目文件。切换至默认三维视图。如图 9-1
所示，单击"协作"选项卡"坐标"面板中"碰撞检
查"工具下拉列表。在列表中选择"运行碰撞检查"
工具。

图 9-1

2）弹出如图 9-2 所示的"碰撞检查"对话框。在
"碰撞检查"对话框中，需要在左右两侧分别指定需要
参加碰撞检查的图元类别。分别设置左右两侧"类别来
自"为"当前项目"，Revit 将在左右两侧分别显示当前项目中包含的所有图元类别。分别勾选两侧的"机械设备"、"管道"、"管道附件"和"管件"类别，即执行当前项目中所有属于这些类别图元之间的碰撞检查；完成后单击下方"确定"按钮，Revit 开始进行检测所选择的类别图元间是否存在干涉。

【提示】在勾选族类别的时候，可以配合使用下方"全选"、"全都不选"和"反选"进行快速选择。

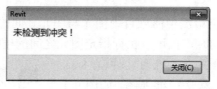

图 9-2

3）运行碰撞检测后，Revit 将以对话框的形式在项目中返回碰撞结果，如图 9-3 所示。由于本项目中管道、管件与设备图元并没有发生碰撞，系统检查结果显示为"未检测到冲突"。单击"对话框"中的"关闭"按钮退出该对话框。

图 9-3

4）Revit 还可以对所选择的指定图元进行碰撞检测。要对指定图元进行冲突检测，必须先选择要进行冲突检测的图元。如图 9-4 所示，配合使用"Ctrl"键选择"1F"标高中"消火栓箱"、"管道"、"阀门"，单击"运行碰撞检查"工具，打开"碰撞检查"对话框。

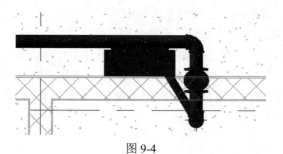

图 9-4

5）如图 9-5 所示，在"碰撞检查"对话框中，"类别来自"下拉列表自动修改为"当前选择"，即仅进行当前所选择的图元之间的碰撞检查；单击"确定"按钮，Revit 将对所选择的图元进行碰撞检测，并给出碰撞检测的结果。本操作中将显示未检测到碰撞。

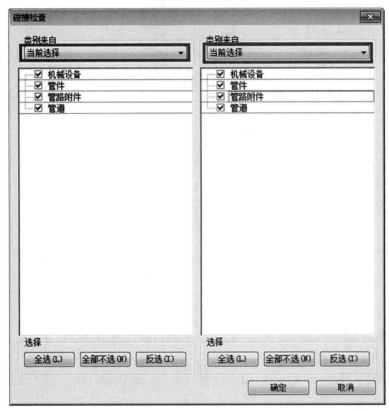

图 9-5

6）至此完成"碰撞检查"操作。关闭该项目，不保存对项目的修改。

9.1.2　项目内图元与链接模型图元之间碰撞检查

在机电设计时，通常将单独创建暖通、给排水、消防、电气等专业模型，再通过本书第 4 章中介绍的链接模型的方式，将多专业模型链接为完整机电模型。Revit 可以对链接模型中的图元进行冲突检测，以检测各专业间的冲突与干涉。接下来，通过实例说明如何对链接模型进行冲突。

1）打开光盘"练习文件\第 8 章\8-8-1.rvt"项目文件。使用"原点到原点"的方式，链接"练习文件\第 8 章\教学楼喷淋.rvt"项目文件，该文件为教学楼项目 1F 喷淋管道模型文件。

2）使用"运行碰撞检查"工具，如图 9-6 所示，在左侧"类别来自"列表中设置为"当前项目"，勾选"机械设备"、"管道"、"管件"及"管道附件"类别；设置右侧"类别来自"为链接至当前项目中的"教学楼喷淋.rvt"项目文件，勾选"管道"、"类别"。完成后单击"确定"按钮，Revit 将对所选择的类别进行碰撞检测。

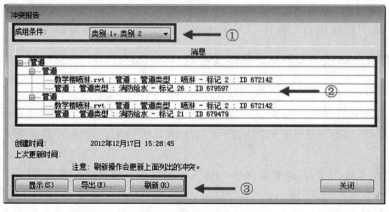

图 9-6

3）执行碰撞检测以后，Revit 弹出"冲突报告对话框"。如图 9-7 所示，设置"成组条件"为"类别 1，类别 2"，列表将以类别 1，以当前项目中所选管道类别为基准，在碰撞区②将所有碰撞以分组形式展现出来，③区域为"冲突报告"功能按钮，负责查找碰撞图元以及导出碰撞结果。

图 9-7

4）至此完成与链接项目图元的碰撞检查操作。下节讲述如何对碰撞结果进行处理。

Revit 当中的碰撞检查，每次最多只能和一个外部链接文件进行，如有多个外部链接文件，需要分批次进行。如果需要更灵活的碰撞检查操作，可以通过使用 Autodesk Navisworks 软件，在 Navisworks 中完成更灵活、强大的碰撞检查工作。

9.2　查找碰撞位置

上一节讲述了在 Revit 中如何使用"碰撞检查"工具在项目中进行图元间冲突的检测。本节将继续为读者介绍如何通过冲突报告查找发生碰撞的图元。

1）接上节练习。如图 9-8 所示，在 Revit 给出的"冲突报告"对话框中，单击碰撞列表区域管道各类别前"+"展开该类别；单击"管道"，选项成高亮显示，然后单击"显示"按钮，进入项目视图区域查找两管道碰撞之处。

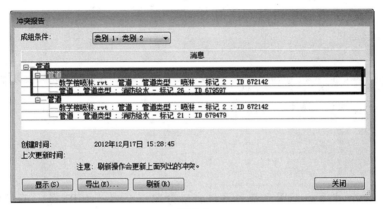

图 9-8

【提示】成组下会分行列出两碰撞图元的详细信息，如果是管道，则会显示管道的类型名称和管道的 ID 号。

2）Revit 默认在当前项目中所有已打开的视图中进行查找，如图 9-9 所示，所选择的管道图元将在视图中高亮显示。如果在当前视图中无法以较好的视角显示所选择的管道，可以继续单击"冲突报告"对话框中"显示"按钮，Revit 将切换至其它已打开的视图以方便观察。

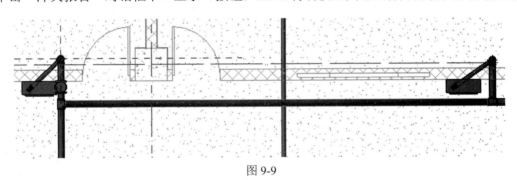

图 9-9

【提示】Revit 默认会在所有已打开的视图中切换，以显示所选择图元。

3）当在所有已打开视图中循环切换后，继续单击"显示"按钮，将弹出如图 9-10 所示的对话框，单击"确定"按钮，Revit 将在其它未打开的视图中进行查找；单击"取消"返回。

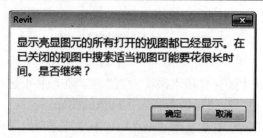

图 9-10

4）在"冲突报告"对话框中，除可以直接选择图元外，还可以利用该对话框的图元 ID 进行选择。如图 9-11 所示，该管道的 ID 值为 672142。

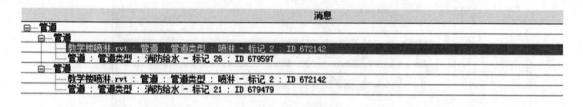

图 9-11

【提示】Revit 中每一个图元都由系统自动分配一个唯一的 ID 号。不同项目中该 ID 号码均不相同。

5）不需退出"冲突报告"对话框。如图 9-12 所示，单击"管理"选项卡"查询"面板中的"按 ID 选择"工具，打开"按 ID 选择图元"对话框。

6）如图 9-13 所示，在"按 ID 选择图元"对话框中，输入图元 ID 号 672142，单击"显示"按钮，Revit 将在视图中高亮显示该图元，单击"确定"按钮选择该图元。

图 9-12

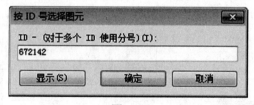

图 9-13

7）找到碰撞图元位置以后，可以根据设计的要求对图元进行修改。直到不再发生碰撞。在本例中，可以调整消防管道在碰撞处向上翻弯。如图 9-14，选择所碰撞的消防管道，进入"修改/管道"上下文选项卡，单击"修改"选项板"拆分图元"工具按钮。

图 9-14

8）光标移动到绘图区，捕捉消防管道后，在碰撞发生处左右两侧单击，如图 9-15，消防管道被打断，生成管接头。

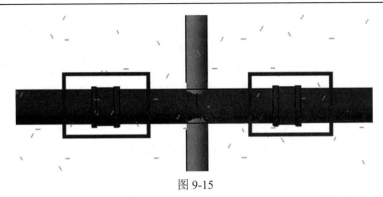

图 9-15

9）选择管接头和中间管道，执行删除操作，然后按照第 8 章的方法在打断中间，绘制标高为"3700mm"消防管道，完成后如图 9-16，在碰撞处，消防管道上翻避开。

图 9-16

10）当在多专业协调时涉及多人多专业工作，因此在修改碰撞时必须由项目负责人进行修改判断。

11）修改后，单击"冲突报告"对话框中"刷新"按钮，如图 9-17 所示，由于碰撞问题解决，会从冲突列表中删除发生冲突的图元。

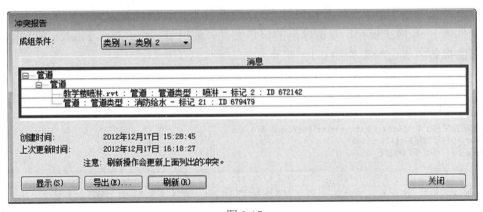

图 9-17

【提示】刷新操作仅重新检查当前报告中的冲突，不会重新运行碰撞检查。

12）解决完所有突出以后，单击"冲突报告"中的"关闭"按钮退出"冲突报告"对话框。

13）要重新显示上一次冲突检测的结果，可以单击"协作"选项卡"坐标"面板"碰撞检查"下拉列表中"显示上一个报告"工具，重新打开"冲突报告"对话框，查看冲突检测的结果。重新显示该报告时，会重新按上一步设置的图元类别重新对碰撞进行检测。

14）至此完成碰撞检测的定位与修改操作。关闭该项目，不保存对项目的修改。

碰撞检查工作涉及多个专业多人之间的协调。因此，本书仅介绍 Revit 中实现冲突检测及协调的方法，具体的修改与变更建议，需要由项目经理或项目负责人决定。

9.3　导出碰撞报告

Revit 可以将每次碰撞检查的结果导出为独立的 html 格式的报告文件，用于设计过程的协调及存档。

如图 9-18 所示，在"冲突报告"对话框中，单击"导出"工具按钮，弹出"将冲突报告导出为文件"对话框。

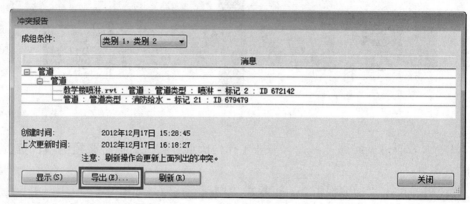

图 9-18

在"将冲突报告导出为文件"对话框中，设置导出文件的位置以及导出的文件名。导出的报告文件以 html 格式保存。双击导出的报告文件，使用 IE、Chrome、Firefox 等浏览器可以查看导出的报告内容。结果如图 9-19 所示。

冲突报告

冲突报告项目文件: C:\Users\Administrator\Desktop\8-8-1.rvt
创建时间: 2012年12月17日 15:28:45
上次更新时间: 2012年12月17日 16:18:27

	A	B
1	管道 : 管道类型 : 消防给水 - 标记 21 : ID 679479	教学楼喷淋.rvt : 管道 : 管道类型 : 喷淋 - 标记 2 : ID 672142

冲突报告结尾

图 9-19

如果要将报告保存为 txt 格式的文件，可以在浏览器的页面中任意位置右击，如图 9-20 所示，在右键快捷菜单中选择"页面另存为"选项，将当前页面保存为 txt 格式的文本文件。

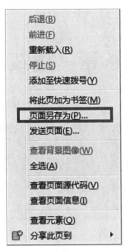

图 9-20

9.4　本章小结

　　Revit 当中的碰撞检查功能是一个简单却很实用的工具，通过它可以快而准确的查找出机电专业内部以及机电专业与建筑、结构专业之间的碰撞问题，本章要求通过教学楼项目的碰撞检查，掌握在 Revit 当中进行碰撞检查的具体操作步骤和方法。

　　至此完成了机电部分的全部主要模型操作。从下一章开始，将介绍如何利用 Revit 对已创建的模型进行渲染和表现。

第 10 章　建筑表现

本章提要：

➢　掌握相关日光应用及其设置
➢　完成模型漫游动画及相机视图的添加
➢　使用视觉样式并能掌握相关设置

Revit 是基于 BIM 的三维设计工具。在 Revit 中不仅能输出相关的平面文档和数据表格，完成模型后，可以利用 Revit 的表现功能，对 Revit 模型进行展示与表现。在 Revit 中可以在三维视图下输出基于真实模型的渲染图片。在做这些工作之前，需要在 Revit 中做一些前期的相关设置。本章主要介绍如何在 Revit 中进行日光设置并创建任意的相机及漫游视图。

10.1　日光及阴影设置

对于建筑而言，外部光环境对整个建筑室内外的环境影响具有重要的意义。在 Revit 中对建筑进行日光进行相应的分析，可以让建筑师准确的把握整个项目的光影环境情况，从而对项目做出最优的、最理性的判断。Revit 提供了模拟自然环境日照的阴影及日光设置功能，用于在视图中以真实的反应外部自然光和阴影对室内外空间和场地的影响。

在 Revit 中，可以对项目进行静态的阴影展示，也可以模拟在指定的时间范围内阴影的动态变化。由于项目所在的地理位置、项目朝向、日期与时刻均会影响阴影的状态，因此在 Revit 中进行日光分析必须先确定项目的地理位置和朝向。

在 Revit 中，要确定项目的位置和朝向，必须理解 Revit 中关于项目朝向的两个概念——正北和项目北：

●　项目北：指当我们打开 Revit 软件时，在楼层平面视图的顶部默认定义为项目北；反之视图的底部就是项目南。项目北与建筑物的实际地理方位没有关系，只是我们在绘图时候的一个视图方位而已。

●　正北：指项目的真实地理方位朝向。如果项目的方向正好是正南正北向，那么项目北方向和项目实际的方向就是一致的，即项目北和正北的方向相同；如果项目的地理方位不是正南正北方向，那么项目北的方向和项目本身的正方向就会有所不同，也就是说项目北和正北存在一个方位角。

在 Revit 中进行日光分析时，是以项目的真实地理位置数据作为基础的，因此通常情况下，我们需要在 Revit 中指定建筑物的地理方位，即指定项目的"正北"。如图 10-1 所示，在视图属性面板中，可以指定当前视图显示为"正北"方向还是"项目北"方向。通过该选项，可以在项目北与视图北的显示间进行切换。

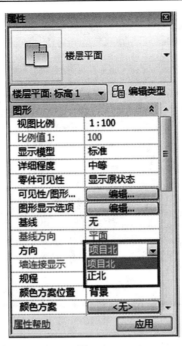

图 10-1

10.1.1 设置项目位置

Revit 提供了"地点"工具，用于设置项目的地理位置。接下来，继续以教学楼项目为例，说明如何在 Revit 中设置项目地点。

1）打开光盘"练习文件\第 10 章\初始项目.rvt"项目文件，该项目为教学楼项目土建部分完成了室外场地与配景的模型。切换至场地楼层平面视图。如图 10-2 所示，单击"管理"选项卡"项目位置"面板中"地点"工具，打开"位置、气候和场地"对话框。

图 10-2

2）在"位置、气候和场地"对话框中，切换至"位置"选项卡。如图 10-3 所示，在该选项卡中可以设置项目的具体地理位置。确定"定义位置依据"的方式为"Internet 映射服务"，在连接互联网的情况下，将在下方显示 Goole 地图。在"项目地址"中输入"中国北京"，并单击"搜索"按钮，Revit 将在 Google 地图中搜索该地理位置，并在地图中显示项目位置的标记。在地图中还可以通过拖动项目位置标记对项目位置进行精确的微调。

【提示】必须连接互联网才能启用"Internet 映射服务"选项。

图 10-3

3）完成后，单击"确定"按钮退出"位置、气候和场地"对话框。

接下来，将设置当前项目的"正北"方向。要设置项目正北，必须将视图中项目的显示方向设置为"正北"。

4）确认当前视图为"场地"楼层平面视图。确认不选择任何图元。属性面板中将显示当前楼层平面视图属性。如图 10-4 所示，修改"方向"为"正北"，单击"应用"按钮应用该设置。由于当前项目正北与项目北方向相同，因此视图显示并未发生变化。

5）如图 10-5 所示，单击"管理"选项卡"项目位置"面板中"位置"下拉列表，在列表中选择"旋转正北"选项，进入正北旋转状态。

图 10-4

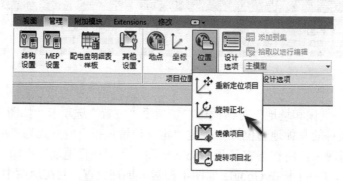

图 10-5

6）如图 10-6 修改选项栏"从项目到正北方向的角度"值为 30°，参照方向为"东"，按"回车"键将按逆时针旋转当前项目。注意视图中所有模型显示方向均已发生旋转。完成后按"Esc"键退出旋转正北模式。

图 10-6

【提示】参照方向为"东"时将沿逆时针方向旋转指定角度，参照方向为"西"时将沿顺时针方向旋转指定角度。

7）修改视图"属性"面板中"方向"为"项目北"，单击"应用"按钮，当前视图将按项目北的方式显示，视图将恢复旋转前的状态。保存该项目文件，或打开光盘"练习文件\第10 章\10-1-1.rvt"项目文件查看最终操作结果。

【提示】即使在"项目北"状态下仍然显示为上北下南的方式，项目的实际朝向已经被修改。

旋转正北工具的用法与 Revit 图元旋转工具用法类似。可以通过拖拽旋转中心的方式指定旋转的中心位置。除可以通过选项栏输入旋转的角度外，还可以手动指定旋转角度。请读者自行尝试该设置。

旋转正北后，项目的正北朝向将改变。修改任意视图中的"方向"为"正北"，均将显示设置的正北方向。

在"位置、气候和场地"对话框中，除使用 Google 地图进行项目位置定位外，在"定义位置依据"中还提供了"默认城市列表"的方式。如图 10-7 所示，可以通过"城市"的列表选择当前项目的所在地点，或通过输入纬度及经度的方式确定当前的项目精确位置。

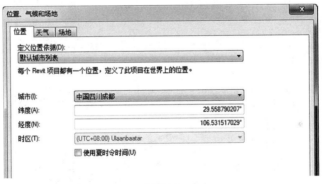

图 10-7

10.1.2　日光以及阴影的设置

完成项目地点及朝向设定后，可以在 Revit 中设置太阳的位置以及时刻，并开启项目阴影，用于显示在当前时刻下的项目阴影状态。在 Revit 中，可以为项目设置多个不同的太阳位置和时刻，用于表达不同时刻下的阴影状态。接下来，继续以教学楼项目为例，说明如何设置太阳的位置和时刻。

1）接上节练习。切换至默认三维视图。如图 10-8 所示，单击视图控制栏"日光设置"按钮，在弹出列表中选择"日光设置"选项，弹出"日光设置"对话框。

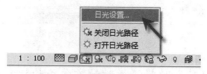

图 10-8

2）如图 10-9 所示，在"日光设置"对话框中，设置"日光研究"的方式为"静止"，修改"日期"为 2012 年 12 月 23 日；设置时间为 12:00，勾选"地平面的标高"选项，设置地平面的标高为"地面标高"。

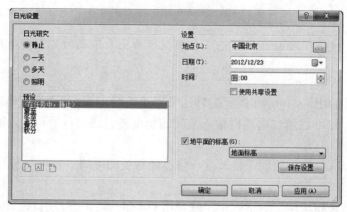

图 10-9

3）单击"保存设置"按钮，在弹出"名称"对话框中，输入当前日光设置名称为"北京冬至"，单击"确定"按钮将当前配置保存至预设列表中。再次单击"确定"按钮退出"日光设置"对话框。

4）如图 10-10 所示，单击视图控制栏"打开阴影"按钮，将在当前视图中显示当前太阳时刻教学楼项目产生的阴影。

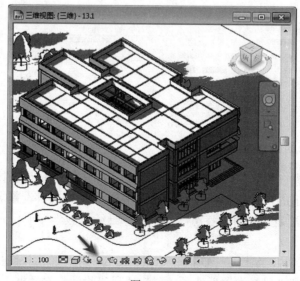

图 10-10

【提示】视图的视觉样式为线框模式时，将无法在视图中开启阴影。

5）如图 10-11 所示，单击视图控制栏"日光设置"按钮，在列表中选择"打开日光路径"选项，Revit 将在当前视图中显示指北针以及当天太阳的运行轨迹。

图 10-11

6）如图 10-12 所示，在显示日光路径状态下，可以通过拖动太阳图标动态修改太阳位置。还可以通过单击当前时刻值，将太阳位置修改至指定时刻。当太阳的位置修改时，视图中的阴影也将随之变化。

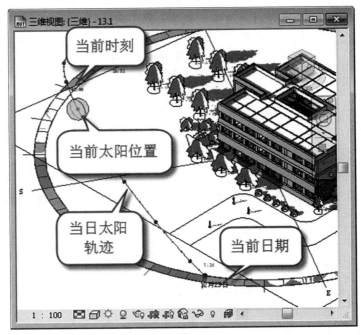

图 10-12

【提示】选择日光路径，可以在属性面板中修改日光路径及罗盘的大小。

7）单击"日光设置"按钮，在列表中选择"关闭日光路径"选项，关闭日光路径的显示。

8）打开"日光设置"对话框。如图 10-13 所示，设置"日光研究"的方式为"一天"，修改日期为 2012 年 12 月 23 日，勾选"日出到日落"选项，设置阴影显示的时间间隔为"一小时"，勾选"地平面的标高"选项，设置地平面的标高为"地面标高"。将当前设置保存名称为"北京冬至日光研究"，单击"确定"按钮退出日光设置对话框。

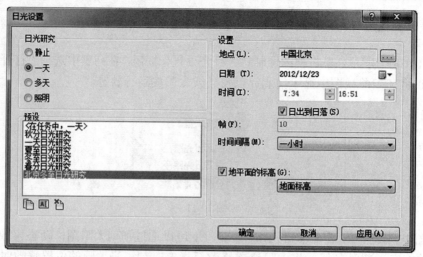

图 10-13

9）单击"日光设置"按钮，如图 10-14 所示，由于当前日光设置为一天的方式，将生成动态阴影。在列表中出现"日光研究预览"选项。单击该选项，进入日光阴影预览模式。

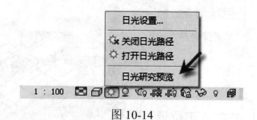

图 10-14

10）如图 10-15 所示，在选项栏中出现日光研究预览控制按钮。单击"播放"，Revit 将在当前视图中按第 8）步骤中设置的一小时间隔显示冬至日一天的阴影变化情况。

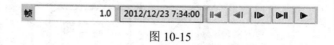

图 10-15

【提示】必须打开视图中阴影显示，才会出现"日光研究预览"选项。

11）至此完成了日光以及日光设置的相关操作。保存该项目文件，或打开"光盘练习文件\第 10 章\10-1-2.rvt"查看最终结果。

Revit 提供了 4 种日光设置方式。分别为静止、一天、多天和照明。多天和一天的设置方式类似，用于显示在指定的日期范围内太阳位图和阴影的变化。在 Revit 中，可以分别为不同的视图指定不同的日光设置，方便展示和对比项目在不同设置下的阴影的变化。

阴影可以显示在楼层平面、立面及三维视图中。打开阴影显示后，将会消耗大量的计算资源，建议用户在隐藏线或着色模式下开启阴影，降低对系统资源的消耗。为降低系统消耗，Revit 的 RPC 构件在真实模式下将不产生阴影。

10.2　创建相机与漫游

上一节中介绍了如何在设置项目的地点、朝向以及阳光位置。这些设置可以在任意视图中使用。在 Revit 中可以根据需要在模型的任意位置添加相机，生成特定的相机视图，还可以通过创建漫游路径，生成动态三维漫游视图。

10.2.1　创建相机视图

Revit 提供了相机工具，用于创建任意的静态相机视图。本节将继续以综合楼项目为例，介绍如何在 Revit 中创建相机视图。

1）接上节练习。切换至 F1 楼层平面视图。如图 10-16 所示，单击"视图"选项"创建"面板中"三维视图"下拉列表，在列表中选择"相机"工具，进入相机创建模式。

图 10-16

2）如图 10-17 所示，确认勾选选项栏"透视图"选项，设置相机的偏移量值为 1750，自目标高设置为 1F，即相机距离当前 1F 标高的位置为 1750。

图 10-17

3）如图 10-18 所示，在 E 轴线与 3 轴线交点位置单击作为相机位置，向左上方移动光标至图中所示位置单击作为相机目标位置。Revit 将在该位置生成三维相机视图，并自动切换至该视图。

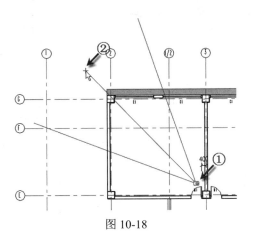

图 10-18

4）再次切换至 1F 楼层平面视图。如图 10-19 所示，切换至在项目浏览器中展开"三维视图"视图类别，上一步中创建的三维相机视图将显示在该列表中。在该视图名称上右击，在弹出列表中选择"显示相机"选项，将在当前 1F 楼层平面视图中再次显示相机。

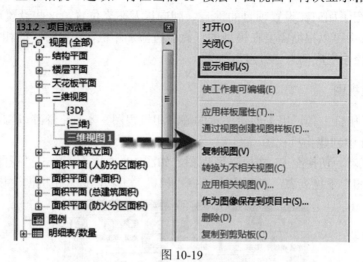

图 10-19

5）如图 10-20 所示，显示相机后可以在视图中拖拽相机位置、目标位置（视点）以及远裁剪框范围的位置。

6）确保相机在显示状态，此时"属性"面板中将显示该相机视图的属性。如图 10-21 所示，调整相机的"视点高度"和"目标高度"以满足相机视图的要求。在本操作中，不修改任何参数，按"Esc"键退出显示相机状态。

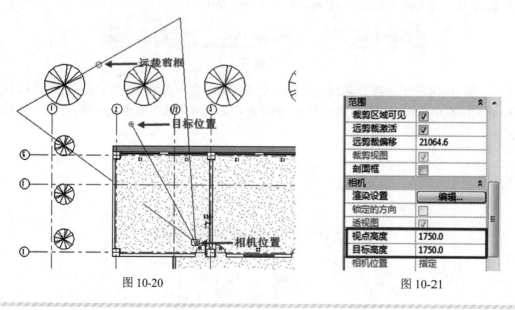

图 10-20   图 10-21

【提示】远裁剪框是控制相机视图深度控制柄，离目标位置越远，场景中的对象就越多；反之，就越少。

7）切换至第 3 步中创建的三维视图 1 视图。如图 10-22 所示，移动光标至视图边缘位置单击选中视图边框，拖拽视图边界控制点调整其大小范围，以满足视图表达要求。

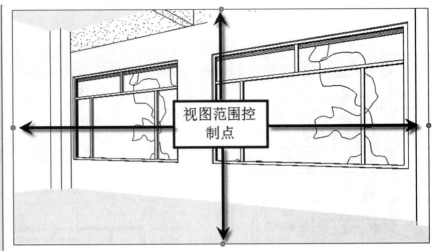

图 10-22

【提示】在三维视图属性面板中，可以设置"相机高度"和"目标高度"以及"远裁剪偏移"等参数。

8）至此完成了生成三维视图的操作。保存并关闭项目模型，或打开光盘"练习文件\第 10 章\10-2-1.rvt"项目文件查看最终操作结果。

在 Revit 中，可以根据需要创建任意角度的三维视图，以满足表达和展示的要求。

10.2.2　添加漫游动画

在 Revit 中不仅可以使用相机添加单帧图片，还可以在项目模型添加动态漫游动画。接下来，将主要介绍在 Revit 中创建漫游动画的一般过程。

1）接上节练习。切换到 1F 楼层平面视图。如图 10-23 所示，单击"视图"选项卡"创建"面板"三维视图"命令下拉列表，在列表中选择"漫游"工具，进入漫游路径绘制状态，自动切换至"修改|漫游"上下文选项卡。

图 10-23

2）确认选项栏中勾选"透视图"选项，设置相机偏移量为 1750，并设置标高"自"1F 标高。

3）如图 10-24 所示，依次沿室教学楼室外场地位置单击，绘制形成环绕教学楼的漫游路径，完成后单击"完成漫游"平面视图中多次单击绘制其漫游路径，单击"完成漫游"工具完成漫游路径。

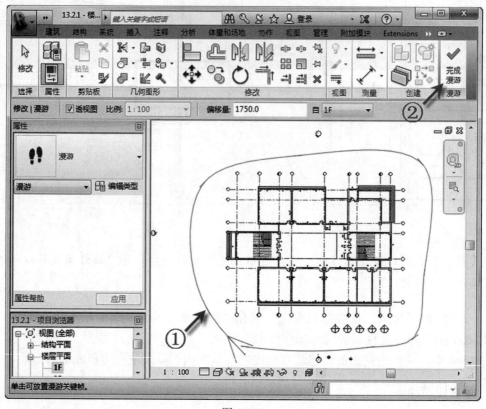

图 10-24

4）确保上一步中绘制的漫游路径处于选择状态。单击"漫游"面板中"编辑漫游"工具，切换到漫游编辑界面。

【提示】与显示相机类似，可以在项目浏览器中右击漫游视图，在弹出右键菜单中选择"显示相机"选项在视图中显示漫游路径。

5）不勾选"属性"面板中"远裁剪激活"选项，不激活该漫游相机的"远裁剪激活"选项。

6）如图 10-25 所示，确认选项栏"控制"的方式为"活动相机"，配合"漫游"面板中上一关键帧、下一关键帧工具，将相机移动到各关键帧位置，使用光标拖动相机的目标位置，使每一关键帧位置处相机均朝向教学楼方向。

【提示】切换到相应立面图，通过编辑漫游，可以自由修改每一个关键帧处的相机高度和目标位置高度。

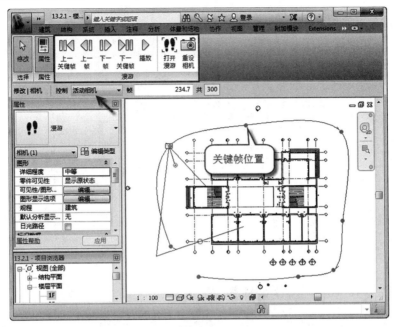

图 10-25

7）如图 10-26 所示，单击选项栏中的"控制"下拉列表，在列表中选择"添加关键帧"选项。在漫游路径上添加相应的关键帧，实现对漫游相机的平滑修改。完成后按"Esc"键退出漫游编辑模式。

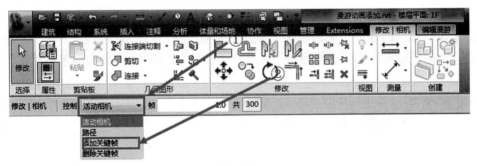

图 10-26

8）切换至漫游视图。单击"漫游视图"边框选择漫游，单击"编辑漫游"工具进入漫游编辑模式。修改选项栏"帧"值为 1，单击"编辑漫游"选项卡"漫游"面板中"播放"工具，然后单击"播放"按钮，进入插入模式。可以预览漫游的效果。

9）完成动画关键帧设置之后，最后就是导出动画了。单击左上角应用程序菜单按钮，选择"导出"→"图像和动画"，在列表中选择"漫游"，弹出如图 10-27 所示"长度/格式"对话框。设置动画输出长度为"全部帧"，设置导出"视觉样式"的方式为"真实"，输入动画导出的尺寸标值为"800"和"600"，即导出动画的分辨率为 800*600。完成后单击"确定"，在弹出的"导出漫游"对话框中浏览动画保存的位置，再次单击"确定"按钮。

【提示】在保存动画文件时，可以设置动画的保存格式为 AVI 或 JPEG 序列图片。

图 10-27

10）Revit 继续弹出"视频压缩"对话框，如图 10-28。在"视频压缩"对话框中选择合适的视频压缩格式。在本例中选择"Microsoft Video 1"视频压缩器，单击"确定"按钮，即可导出漫游动画。

图 10-28

11）保存该项目文件，或打开光盘"练习文件\第 10 章\10-2-2.rvt"项目文件查看最终操作结果。

漫游是由一系列的连续生成的画面构成。在漫游中每一幅画面称之为一帧。创建漫游路径时鼠标单击的位置确定的画面称为关键帧。各关键帧之间，Revit 会自动根据路径间的距离生成帧。

选择漫游路径后，如图 10-29 所示，单击"属性"面板"漫游帧"按钮，将弹出"漫游帧"对话框。在该对话框中可以设置该路径的总帧数。设置"帧/秒"（帧速率），可以设置导出该漫游动画时的总时长。

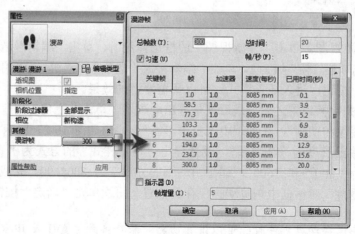

图 10-29

10.3　使用视觉样

在 Revit 中系统提供了线框、隐藏线、着色、一致的颜色、真实以及光线追踪共 6 种视觉样式。在这 6 种视觉样式中，从"线框"样式到"光线追踪"样式视图显示效果越来越好，但是对电脑硬件要求会越来越高，占用系统资源也是逐级递增。因此，我们在实际工作中根据自己需要来选择合适的视觉样式。在模型创建阶段，少用或者不用真实以及光线追踪样式。如果在模型完成阶段想要做一个快速单帧表现，这时可以用光线追踪模型，并能保存相应的视图和能输出结果。当然，光线追踪的效果不能跟正式渲染的效果比，因为渲染效果的好与坏是跟渲染前环境的设置相关，而光线追踪是按照系统默认的方式进行快速渲染。光线追踪的最终效果，跟电脑的硬件水平有很大关系。

10.3.1　视觉样式的切换

在 Revit 中可以在不同的视觉样式中进行切换，以满足不同的表达需求。如图 10-30 所示，在任意视图中，单击视图控制栏中的视觉样式按钮，弹出视觉样式列表。分别切换至不同的视觉样式，当前的视图将以所选择的视觉样式进行显示。注意，修改视觉样式仅会影响当前视图，不会影响其它视图。

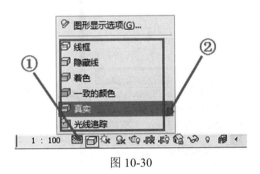

图 10-30

10.3.2　视觉样式的设置

在 Revit 中，可以根据自己的需要修改各视觉样式的显示方式。

1）如图 10-31 所示，单击视图控制栏中的视觉样式，在弹出下拉菜单中选择"图形显示选项"。弹出"图形显示选项"对话框。

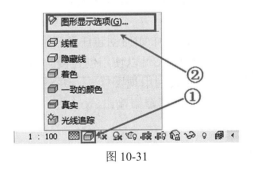

图 10-31

2）如图 10-32 所示，在"图形显示选项"对话框，在"样式"列表中，选择当前视图的视觉样式名称，并分别对视图中的阴影、模型轮廓替代样式、日光设置、背景等选项分别进行设置。完成后单击"确定"按钮即可完成对视觉样式的修改。

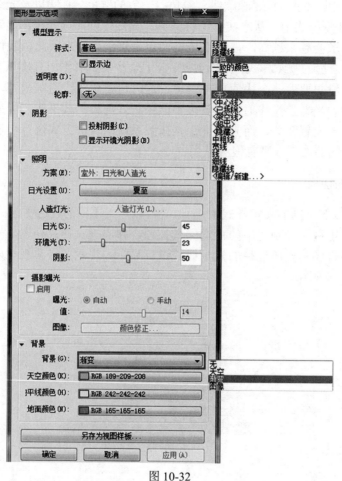

图 10-32

注意：视觉样式的修改仅影响当前视图，不会影响其它视图。

10.4　本章小结

本章主要介绍了，在 Revit 项目场景中如何创建任意三维视图以及漫游动画。通过创建相机视图，来表达某个特定的视角。同时还可以使用创建漫游的方式，在项目场景创建一段完整的建筑漫游动画。最后介绍了如何去利用视图样式，并对其设置做相应的调整。下一章将介绍如何利用已创建完成的三维视图进行渲染输出。

第 11 章　渲染与输出

本章提要：
➢　理解 Revit 中的渲染工作流程
➢　掌握 Revit 场景中室内外场景渲染不同设置
➢　将 Revit 场景输出到其他专业渲染软件中去渲染
➢　将渲染成果完整导出为图片或其他可识别结果

　　Revit 中内置了 Mental Ray 渲染器，可以对已完成的模型和视图进行更真实的渲染表现。完成的 Revit 模型还可以导出至 3ds Max 及其它的展示工具中。

11.1　室外日光的渲染

　　在实际项目中，我们往往需要为项目创建更为逼真的三维可视化图片。在 Revit 中，由于模型是按照真实的尺寸所创建，因此创建的三维可视化图片跟真实的项目之间，几乎没有区别。可以为 Revit 的模型指定材质，使模型表达更为精确的三维信息，通过使用 Revit 自带的 Mental Ray 渲染器，渲染表达极为逼真的展示效果。下面，以教学楼项目为例，介绍如何在 Revit 中进行渲染。要进行渲染，必须首先创建要渲染的三维相机视图。

　　1）接上 10.3.2 节练习，或打开光盘"练习文件\第 10 章\10-3-2.rvt"项目文件。切换到"1F"楼层平面视图，使用相机工具，确认勾选选项栏"透视图"选项，设置相机距离 1F 标高的高度为 1800，按如图 11-1 所示位置创建相机。Revit 自动切换到相应的相机视图。

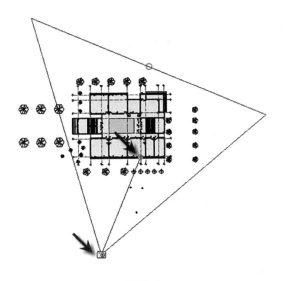

图 11-1

2）如图 11-2 所示，将光标靠近相机视图边界位置，单击视图框并拖动视图框控制点，调整相应的宽度和高度，直到显示为图中所示状态。

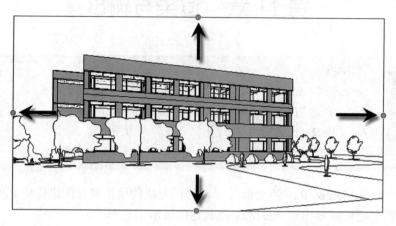

图 11-2

3）完成视图范围调节后，单击"视图"选项卡"图形"面板中"渲染"工具，弹出"渲染"对话框，该对话框中各功能如图 11-3 所示。

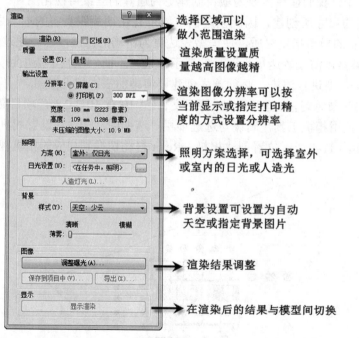

图 11-3

4）修改渲染"质量"为"最佳"，修改"输出设置"分辨率的定义方式为"打印机"，修改打印精度为 300DPI；"照明方案"中选择"室外：仅日光"的方式，即只使用太阳光作为光源进行渲染；单击"日光设置"后浏览按钮，弹出"日光研究"对话框，在对话框中选择日光的方式为"静止"，在"预设"列表中选择"北京冬至"。设置"背景"样式为"天空少云"。

5）完成后，然后单击"渲染"按钮，将进入渲染计算模式。Revit 将利用全部 CPU 资源进行渲染计算。Revit 将弹出"渲染进度"对话框，如图 11-4 所示。

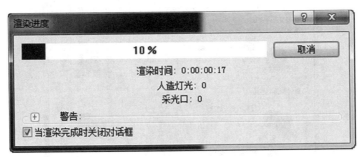

图 11-4

6）待渲染完成后，Revit 将在当前窗口中显示渲染结果，如图 11-5 所示。

图 11-5

7）该渲染结果可以保存为独立的渲染图像文件。单击"渲染"对话框中"导出"按钮，将渲染结果保存在 Revit 项目中。Revit 将在项目浏览器中创建新的"渲染"视图类别。至此完成 Revit 的室外日光渲染操作，保存该项目。也可以打开光盘"练习文件\第 11 章\11-1.rvt 查看渲染结果。

在渲染时，Revit 所使用的 Mental Ray 渲染器支持多核心并行计算，因此渲染的速度与 CPU 的数量、频率有关，同时也与渲染设置中的渲染质量、输出分辨率的大小有关。质量越高、分辨率越大，则渲染所需要的时间也越长。

Revit 默认提供了绘图以及低、中、高与最佳几种渲染质量的设定。还可以通过质量设置列表中的"编辑"选项，自定义渲染质量。如图 11-6 所示，可以分别设置渲染时贴图的反失真（抗锯齿）精度、透明度等选项。左右拉动各设置选项的滑块即可实现对选项的调整。在 Revit 中，滑块越靠右（选项数值越大），则渲染质量越高，渲染效果越好，所需要的时间越长，反之则渲染效果越差。

图 11-6

11.2　室外夜景渲染

在实际项目，项目夜晚外景的表现也是必不可少的。Revit 的室外夜景渲染跟室外日光渲染的原理都差不多，只是在选择照明方案不同。本节主要介绍场景为夜景如何在 Revit 中来表现。

11.2.1　在场景中放置灯光

要实现夜景渲染，必须在项目中先添加灯光族。

1）接上一节内容。切换至地面标高楼层平面视图。由于之前并没有在项目模型中放置室外光源，这时候我们需要对项目模型放置室外光源。

2）选择"插入"选项卡"从库中载入"面板中"载入族"命令，浏览至光盘"练习文件\第 11 章\RFA\"目录下，载入街灯 1.rfa 族文件。

3）使用"构件"工具，按图 11-7 所示位置，沿道路两侧放置路灯图元。可以根据需要在路灯类型属性对话框中，修改路灯的亮度等参数。

图 11-7

【提示】在放置灯光时，可以在选项栏中设置灯光的编组，以方便对灯光进行整体控制。

接下来，将创建新的三维相机视图，用于表达模型。

4）切换到"1F"楼层平面视图，使用相机工具，在道路位置创建相机视图。自动切换到相机视图，调整视图边框，调整相机视图的显示范围。

5）如图 11-8 所示，单击视图控制栏中"显示渲染对话框"工具，打开渲染对话框。

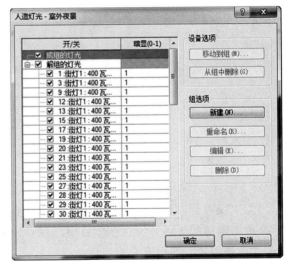

图 11-8

6）如图 11-9 所示，设置渲染"质量"为"高"，选择分辨率为"打印"方式，设置分辨率值为 75DPI；注意选择照明方案为"室外：仅人造光"。

7）单击"人造灯光"按钮，打开"人造灯光"对话框。如图 11-10 所示，在该对话框中，可以指定项目中已放置灯光图元是否在渲染时产生光线。并设置该光源在渲染时按该灯光族中定义的亮度参数的发光产生实际的发光暗显亮度。完成后单击"确定"按钮，退出"人造灯光"对话框。

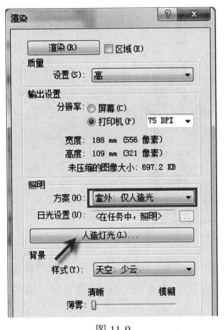

图 11-9

图 11-10

【提示】为方便管理，可以在人造灯光对话框中，对灯光进行编组，以方便管理。

8）完成设置后，单击"渲染"按钮，系统即开始进行渲染过程。完成后效果如图 11-11 所示。

图 11-11

9）渲染完成后，单击"调整曝光"按钮，打开"曝光控制"对话框。如图 11-12 所示，在该对话框中，可以对渲染的图片进行亮度、曝光值等进行进一步的调节，以改善画面的表现。直接输入需要的值或利用鼠标左右拖动滑块即可实现对画面的调节。

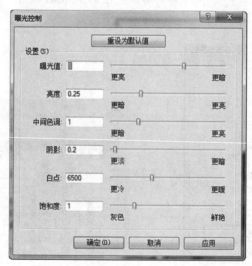

图 11-12

10）"保存到项目中"按钮弹出对"保存到项目中"的对话框，输入图片命名为"夜景渲染"，单击确定即可将其保存在项目中，保存位置在项目浏览器"渲染"视图类别中。保存后双击"夜景渲染"即可查看渲染图片。

11）至此完成室外灯光渲染操作。保存该项目，或打开光盘"练习文件\第 11 章\11-2.rvt"查看室外灯光的渲染效果。

使用人造光进行渲染时，启用的人造光源数量越多，则渲染的时间将越长。因此，在渲染时请注意控制人造光源的实际启用数量。可以利用灯光编组的方式，对组中的灯光进行启用与关闭。

Revit 的灯光族类型属性中，可以对灯光的初始亮度、颜色过滤器等进行设置。如图 11-13所示。

参数	值
材质和装饰	
遮光帘材质	玻璃 - 磨砂
支架材质	金属 - 油漆面层 - 深灰色，粗面
电气	
灯	T-4
瓦特备注	400
电气 - 负荷	
视在负荷	
尺寸标注	
标识数据	
光域	
光源定义(族)	点+球形
光损失系数	1
初始亮度	800.00 W @ 20.00 lm/W
初始颜色	3200 K
暗显光线色温偏移	<无>
颜色过滤器	白色

图 11-13

11.3　室内日光的渲染

室内夜景渲染跟室外夜景渲染非常相似，唯一不同的就是在创建三维视图和选择照明方案的时候略有不同。本节主要介绍如何在模型选择室内日光渲染的操作方法。首先，需要创建用于表现室内场景的三维的相机视图。

1）接上节练习。切换至"1F"楼层平面图。使用"相机"工具，如图 11-14 所示位置创建相机和相机的目标，创建完成后切换至该三维视图。

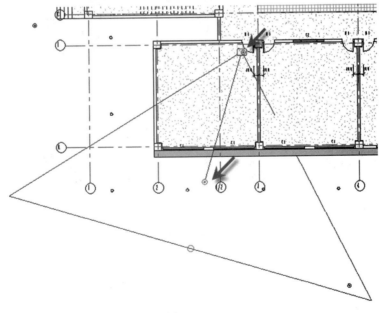

图 11-14

2）调节相机视图范围框，使得相机视图如图 11-15 所示。

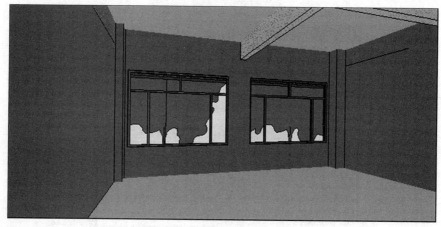

图 11-15

3）打开"渲染"对话框。按如图 11-16 所示，设置渲染输出分辨率为"打印"150DPI；选择照明方案为"室内仅日光"，日光设置为"夏至"。在渲染质量下拉列表中，选择"编辑"，打开渲染质量设置对话框。

4）如图 11-17 所示，在"渲染质量设置"对话框中，在"设置"列表中选择渲染的质量为"高"，单击"复制到自定义"按钮，将进入"自定义（视图专用）"渲染设置模式。在该模式下，已继承了"高"渲染质量的默认设置。滚动至底部"采光口选项"，勾选"窗"作为室内采光口，完成后单击"确定"按钮退出"渲染质量设置"对话框。

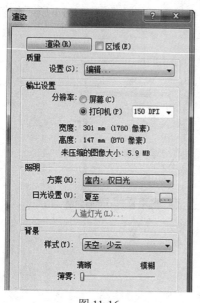

图 11-16

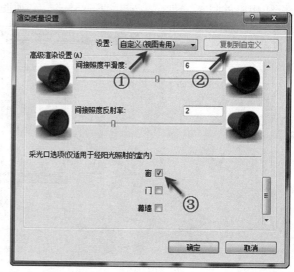

图 11-17

5）单击"渲染"按钮，Revit 即开始对所创建的三维视图进行渲染。完成后效果如图 11-18 所示。

6）将渲染完成的图片保存在项目中，或者导出保存在本地硬盘上。具体方法参见上一节相关操作，在此不再赘述。

图 11-18

7）至此完成室内日光的渲染操作，保存该项目，或打开光盘目录下"练习文件\第 11 章 \11-3.rvt"查看室内日光的渲染结果。

在 Revit 中进行室内渲染时，开启采光口可改善通过窗、门（包含门窗或玻璃）和幕墙照射的光线质量。同样，采光口数量或各类越多，渲染消耗的时间越长。采光口仅针对室内场景的渲染时有效。在多数情况下，请关闭采光口选项，以节约渲染计算时间。

11.4　室内灯光渲染

除使用日光进行室内渲染外，还可以为室内添加灯光，实现室内的灯光渲染。在一般的民用建筑设计中，通常情况下会有室内场景的渲染，给建筑师提供一个非常好的可视化依据。在 Revit 中室内场景可视化也是非常重要的一种表达手段。本节主要介绍如何在 Revit 项目模型中如何完成室内灯光的渲染以及成果的保存和输出。

1）打开光盘"练习文件\第 11 章\11.4.rvt"项目文件，切换至"2F"楼层平面图，在名为"办公室"的房间中，在天花板位置创建了灯光族。

2）切换至"室内灯光"三维视图，该视图如图 11-19 所示。

图 11-19

3）打开"渲染"对话框，按图 11-20 所示，设置渲染质量为"中"，"输出设置"设置为"打印机"150DPI；设置"照明"方案为"室内：仅人造光"。

4）单击"人造灯光"按钮，打开"人造灯光"对话框，如图 11-21 所示，仅勾选所有"吸顶灯"灯光图元，即仅"吸顶灯"图元在本次渲染中发挥光源照明作用。完成后单击"确定"按钮，返回渲染对话框。

图 11-20

图 11-21

5）单击"渲染"按钮，Revit 即开始渲染此三维视图。完成后如图 11-22 所示。保存该渲染视图。

图 11-22

6）至此完成室内灯光的渲染操作，保存该项目，或打开光盘"练习文件\第 11 章\11-4.rvt"查看室内灯光的渲染效果。

11.5　输出至 3ds Max

Revit 创建完成模型后，除可以在 Revit 中利用其自身的渲染器进行渲染外，还可以将它导出至 3ds Max 或 3ds Max Design 中，进行高级的动画或渲染设置。本节主要介绍如何将 Revit 中的模型发送至 3ds Max，以及它们当中进行数据交换所要注意的问题。

11.5.1　使用 suite 工作流

如果你的软件是 Autodesk Building Design Suite 的话，在 Revit 还有一个非常方便的一键式工作流功能。它可以把 Revit 中的模型直接发送至 3ds Max 或 Showcase 中，直接进行下一步的渲染工作或者说动画制作流程中。

1）接上一节练习。切换至默认三维视图，如图 11-23 所示，单击应用程序菜单按钮，单击 "Suite 工作流" → "3ds Max Design 室外渲染" 选项。

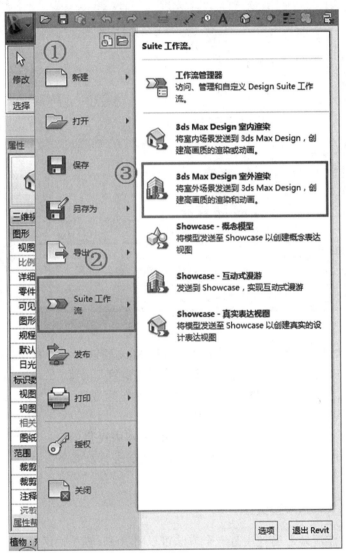

图 11-23

2）弹出 "3ds Max Design 室外渲染" 对话框。如图 11-24 所示，单击 "设置" 选项，在弹出 "工作流设置编辑器" 对话框中，设置 "合并实体" 为 "不要合并"，其它参数默认，单击 "运行" 按钮。

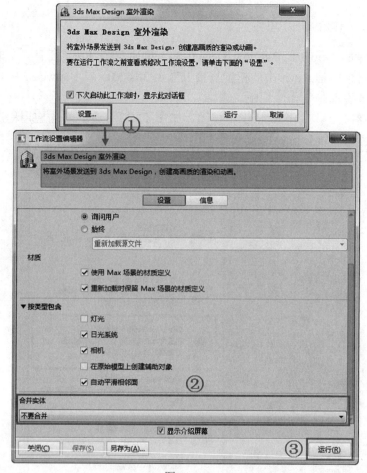

图 11-24

3）弹出如图 11-25 所示对话框。选择"新 3ds Max 场景"，并将"在此设计现有的链接"设置成"将被更新"，单击"继续"按钮，Revit 模型即可导入至 3ds Max Design 中。后面的操作就是在 3ds Max Design 中具体进行渲染或动画修改操作了。

Suite 工作流为 Autodesk Building Design Suite 版本中提供的完整套件功能。它可以大大简化数据在多个不同软件中进行交换的步骤。

图 11-25

11.5.2　通过其他格式输送模型数据

除使用 suite 工作流外，另外还有一个方法可以将 Revit 模型输送至 3ds Max Design 中。在 Revit 中可以将项目导出成 FBX 数据格式。FBX 这种数据格式是 Autodesk 公司用于电影工业领域的通用的模型数据交换格式。当然还可以通过其他的数据格式，比如 DWG 格式，将 Revit 的模型导入 3ds Max 或 3ds Max Design 软件中。下面以 FBX 格式数据为例，说明如何将 Revit 数据导出的一般方法。

1）如图 11-26 所示，单击"应用程序菜单"按钮，在列表中选择"导出"→"FBX"选项。

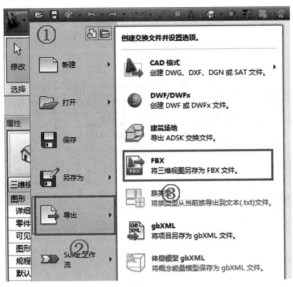

图 11-26

2）在弹出"导出 3ds Max（FBX）"对话框中，指定将要导出的 FBX 文件存储目录，单击"保存"，即可将 Revit 模型保存为 FBX 格式的文件。

3）启动 3ds Max Design 2013 软件。如图 11-27 所示，单击"应用程序菜单"按钮，在列表中选择"Import"（导入）→"Import"选项。

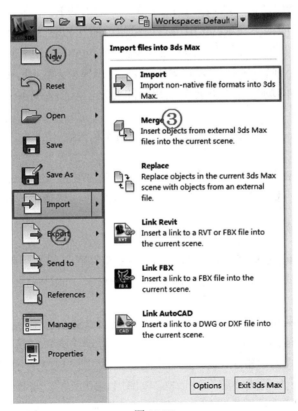

图 11-27

4）弹出"Select File to Import（选择导入文件）"对话框，如图 11-28 所示。设置底部"Files of type（文件类型）"为"Autodesk(*.FBX)"格式，浏览至要导入的 FBX 文件，单击"Open"即可载入场景文件。

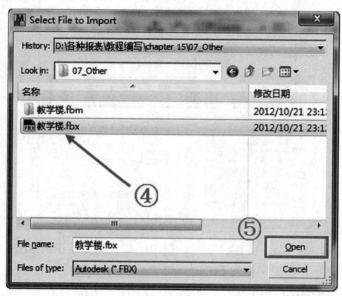

图 11-28

为达到与 3ds Max 数据的更好兼容，建议选择与所使用的 Revit 版本相同的 3ds Max 或 3ds Max Design 软件。为了能保障在 Revit 中进行模型修改时可以使 3ds Max Design 2013 中的导入模型进行更新，有个非常好的办法就是在 3ds Max Design 中使用 Link Revit 和 Link FBX 功能将文件链接至 Max 中。通过链接的方式导入 Max 中的模型，当 Revit 文件或者 FBX 文件有更新的时候，在 Max 中的场景模型也会发生相应的变化，从而保持数据的一致性。

11.6　输出至 Showcase

Showcase 是一个即时渲染表现软件。它有别于我们常用的 3ds Max，在某些情况下，它比 3ds Max 更方便、快捷。本节主要介绍如何将 Revit 模型数据快速输送至 Showcase 中。

11.6.1　使用 suite 工作流

如果你是购买的 Autodesk Building Design Suite 软件套包的高级版或者旗舰版，在 Revit 里面都会自动添加一键式工作流，通过这种工作流的模式，可以快速的将 Revit 的模型输送至 Showcase 中。

1）单击"应用程序菜单"按钮，在弹出的菜单中选择"Suite 工作流"。在 Suite 工作流中，提供了三种导入 Showcase 的模式：分别为概念模型、互动漫游以及真实表达视图。在完成模型细节后，最常用的模式为"Showcase-互动式漫游"，如图 11-29 所示。

2）弹出"Showcase 互动式漫游"对话框。如图 11-30 所示，与导入 3ds Max Design 对话框类似，在对话框中选择"设置"按钮，将打开"工作流设置编辑器"对话框。

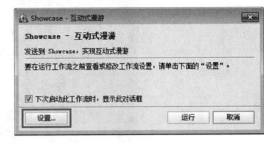

图 11-29

图 11-30

3）如图 11-31 所示，在该对话框中，可以设置模型在 Showcase 中最基本的表现样式。在本操作中，设置"使用大型环境"为"草地（建筑大小-真实）"；设置"环境地面标高"为"在模型底部"。设置完成之后，单击"运行"按钮，进入下一步设置。

4）如图 11-32 所示，在弹出的对话框中选择"新 Showcase 场景"，单击"继续"按钮之后，Revit 即开始向 Showcase 传输模型数据。

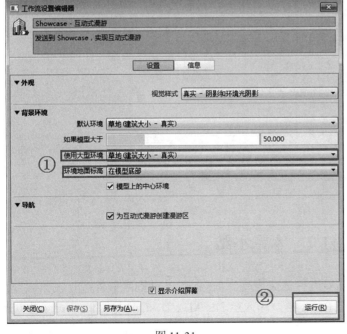

图 11-31

图 11-32

11.6.2　通过其他数据格式导入 Showcase

在 Showcase 中也可以通过 FBX 文件格式来实现数据模型的相互交互。在前面章节我们已经导出过一个 FBX 文件，仍将以这个 FBX 文件为例，介绍如何将 FBX 格式导入至 Showcase 中。

1）打开 Showcase 2013。如图 11-33 所示，单击界面上面的黑色小三角图标，将在 Showcase 中显示 Showcase 菜单栏。

图 11-33

2）如图 11-34 所示，选择"文件"→"导入"→"导入文件"在弹出的对话框选择导入文件类型"FBX"，即可将 FBX 格式的数据导入到 Showcase 中。

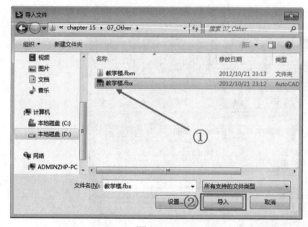

图 11-34

11.7　本章小结

本章介绍了如何对 Revit 项目模型进行渲染表现。Revit 可以对室内室外进行夜景表现和日光表现。通过一键式工作流可以将 Revit 模型输入至 3ds Max Design 或者 Showcase 中进行更高阶的渲染操作。也可以通到 FBX 中间数据格式来导入 3ds Max Design 或者 Showcase 中。

附录 A　安装 Revit MEP

目前，Revit MEP 的功能已经全部包含在 Revit 或者 BDS（Building Design Suite）高级版或旗舰版套件中。可以直接通过 Autodesk 官方网站下载 Revit 或 BDS 套件 30 天的全功能试用版程序。目前最新的版本为 2016 版，注意目前 Revit 仅支持 64 位的 Windows 7 或以上版本的操作系统。

各版本的 Revit 安装过程大同小异，下面以 Revit 2013 为例，介绍安装 Revit 的一般步骤。在安装 Revit 前，请确认操作系统满足以下要求：保证 C 盘有足够的剩余空间，内存不小于 4G。笔者建议有条件的用户使用 64 位操作系统，8G 以上的内存，双显示器或 1280×1024 或更高分辨率的显示器，以便更高效的处理大型设计项目文件。在安装前，请关闭杀毒工具、防火墙等系统保护类工具，以保障安装顺利进行。在安装过程中，可能要求连接 Internet 下载族库、渲染材质库等内容，请保障网络连接畅通。

如果已经购买了包含了 Revit MEP 产品或者套件，如 Revit MEP 2013 或者 Revit Products 2013，则可以直接通过软件光盘直接安装。如果还未购买该软件，可以从 Autodesk 官方网站（http://www.autodesk.com.cn）下载 Revit MEP 2013 或者 Revit Products 2013 的 30 天全功能试用版安装程序。Revit MEP 2013 或者 Revit Products 2013 可以直接安装在 32 位或 64 位版本的 Windows 操作系统上。

在安装 Revit MEP 2013 或者 Revit Products 2013 前，请确认操作系统满足以下要求：保证 C 盘有足够的剩余空间，内存不小于 3G。操作系统为 Windows XP SP2 或 SP3、Windows Vista 以及 Windows 7 Home Premium 或更高级版本。笔者建议有条件的用户使用 64 位操作系统，8G 以上的内存，双显示器或 1280×1024 或更高分辨率的显示器，以便更高效的处理大型设计项目文件。在安装前，请关闭杀毒工具、防火墙等系统保护类工具，以保障安装顺利进行。在安装过程中，可能要求连接 Internet 下载族库、渲染材质库等内容，请保障网络连接畅通。

以 Revit MEP 2013 为例，请按以下步骤进行。

1）打开安装光盘或下载解压后的目录。如图 A-1 所示，双击 Setup.exe 启动 Revit MEP 2013 安装程序。

图 A-1

2）片刻后出现如图 A-2 所示"安装初始化"界面。安装程序正在准备安装向导和内容。

图 A-2

3）准备完成后，出现 Revit MEP 安装向导界面。如图 A-3 所示，单击"安装"按钮可以开始 Revit MEP 的安装。如果需要安装 Revit Server 或 Revit 二次开发工具包，请单击"安装工具和实用程序"按钮，进入工具和实用程序选单。

图 A-3

4）单击"安装"按钮后，弹出软件许可协议页面。如图 A-4 所示，Revit MEP 会自动根据 Windows 系统的区域设置，显示当前国家语言的许可协议。选择底部"我接受"选项，接受该许可协议。单击"下一步"按钮。

图 A-4

5）如图 A-5 所示，给出产品信息页面。选择 Revit MEP 的授权方式为"单机"，如果购买了 Revit MEP 旗舰版产品，请输入包装盒上的序列号和产品密钥，如果没有序列号，请选择"我想要试用该产品 30 天"选项，安装 Revit MEP 的 30 天全功能试用版。单击"下一步"按钮继续。

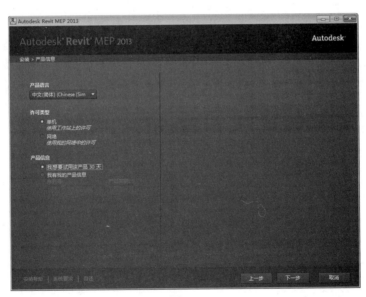

图 A-5

6）如图 A-6 所示，进入"配置安装"页面。Revit MEP 产品安装包中包括 Revit 和 Design Review 两个产品，以及包含共享的渲染材质库。根据需要勾选要安装的产品。除非硬盘空间有限，否则笔者建议安装全部产品内容。Revit MEP 默认将所有产品安装在 C:\Program Files\Autodesk\目录下，如果需要修改安装路径，请单击底部"浏览"按钮重新指定安装路径。

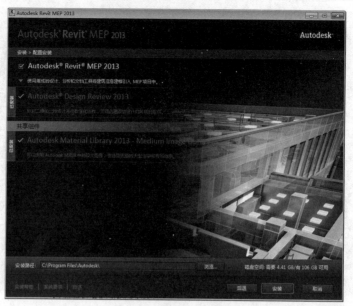

图 A-6

【提示】Autodesk Design Review 是 Autodesk 公司开发的用于浏览和查看 DWF 以及 DWFx 图纸文件的查看器。Autodesk 所有产品均支持输出为 DWF 格式。DWF 格式是只读而无法修改的安全图档格式，适合于图纸发布使用。

7）如果要配置各产品的详细信息，可以单击各产品名称下方的展开按钮查看产品的详细信息。如图 A-7 所示。Revit MEP 是面向全球的产品，包含了世界各主要国家的内容库，注意选择内容包为"China"，不选择其它国家的内容包，以节约硬盘空间。配置完成后，再次单击关闭并返回到产品列表按钮，单击底部"安装"按钮，开始安装。

图 A-7

8）Revit MEP 将显示安装进度，如图 A-8 所示。右上角进度条为当前正在安装项目的进度，下方进度条显示整体安装进度状态。

图 A-8

9）等待，直到进度条完成。完成后 Revit MEP 将显示"安装完成"页面，如图 A-9 所示。单击"完成"按钮完成安装。

图 A-9

【提示】如果安装过程中出现错误，Revit MEP 2013 将自动停止安装，并跳出至本页面。注意在该页面中可以打开"安装日志"，查看安装出错的原因。一般在 Windows XP 等较老的操作系统中，容易出现.net 安装错误，请单独通过安装光盘"3rdpart"目录中，找到安装出错的项目手动安装即可。

　　10）启动 Revit MEP 2013，出现 Autodesk 许可协议对话框。如图 A-10 所示，单击"试用"按钮进入试用状态，在 30 天内，可以随时单击"激活"按钮激活 Revit MEP 2013。

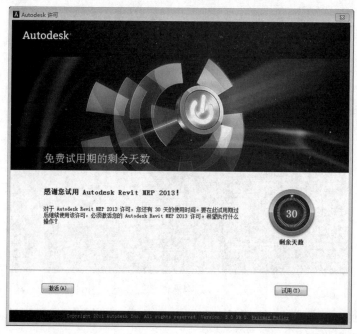

图 A-10

　　试用期满后，必须注册 Revit MEP 才能继续正常使用，否则 Revit MEP 将无法再启动。注意安装 Revit MEP 后，授权信息会记录在硬盘指定扇区位置，即使重新安装 Revit MEP 也无法再次获得 30 天的试用期。甚至格式化硬盘后，重新安装系统，也无法再次获得 30 天的试用期。

　　安装完成 Revit MEP 后，可以继续安装 Revit Extensions 等扩展工具，注意该工具并未随 Revit 安装包一同提供，必须通过 Autodesk Subscription 网站下载后再安装。

附录 B　常用命令快捷键

B.1　常用快捷键

除通过 Ribbon 访问 Revit 工具和命令外，还可以通过键盘输入快捷键直接访问至指定工具，见表 B-1～表 B-4。在任何时候，输入快捷键字母即可执行该工具。例如要绘制管道，可以直接按键盘 "PI" 键即可使用该工具。只要不是双手使用鼠标，使用键盘快捷键将加快操作速度。

表 B-1　建模与绘图工具常用快捷键

命令	快捷键
管道	PI
管件	PF
管道附件	PA
卫浴装置	PX
机械设备	ME
软管	FP
轴线	GR
文字	TX
对齐标注	DI
标高	LL
高程点标注	EL
绘制参照平面	RP
按类别标记	TG
模型线	LI
详图线	DL

表 B-2　编辑修改工具常用快捷键

命令	快捷键
图元属性	PP 或 Ctrl+1
删除	DE
移动	MV
复制	CO
旋转	RO
定义旋转中心	R3 或空格键

命令	快捷键
阵列	AR
镜像-拾取轴	MM
创建组	GP
锁定位置	PP
解锁位置	UP
匹配对象类型	MA
线处理	LW
填色	PT
拆分区域	SF
对齐	AL
拆分图元	SL
修剪/延伸	TR
偏移	OF
在整个项目中选择全部实例	SA
重复上上个命令	RC 或 Enter
恢复上一次选择集	Ctrl+←（左方向键）

表 B-3　捕捉替代常用快捷键

命令	快捷键
捕捉远距离对象	SR
象限点	SQ
垂足	SP
最近点	SN
中点	SM
交点	SI
端点	SE
中心	SC
捕捉到云点	PC
点	SX
工作平面网格	SW
切点	ST
关闭替换	SS
形状闭合	SZ
关闭捕捉	SO

表 B-4　视图控制常用快捷键

视图控制	快捷键
区域放大	ZR
缩放配置	ZF
上一次缩放	ZP
动态视图	F8 或 Shift+W
线框显示模式	WF
隐藏线显示模式	HL
带边框着色显示模式	SD
细线显示模式	TL
视图图元属性	VP
可见性图形	VV/VG
临时隐藏图元	HH
临时隔离图元	HI
临时隐藏类别	HC
临时隔离类别	IC
重设临时隐藏	HR
隐藏图元	EH
隐藏类别	VH
取消隐藏图元	EU
取消隐藏类别	VU
切换显示隐藏图元模式	RH
渲染	RR
快捷键定义窗口	KS
视图窗口平铺	WT
视图窗口层叠	WC

B.2　自定义快捷键

除了系统的保留的快捷键外，Revit 允许用户根据自己的习惯修改其中的大部分工具的键盘快捷键。

下面以给"修剪/延伸单一图元"工具自定义快捷键"EE"为例，来说明如何在 Revit 中自定义快捷键。

1）单击"视图"选项卡"窗口"面板中"用户界面"下拉列表，单击"快捷键"选项，或者直接输入快捷键命令 KS，打开"快捷键"对话框。

2）如图 B-1 所示，在"搜索"文本框中，输入要定义快捷键的命令的名称"修剪"，将列出名称中所有包含"修剪"的命令。

图 B-1

【提示】也可以通过"过滤器"下拉框找到要定义快捷键的命令所在的选项卡，来过滤显示该选项卡中的命令列表内容。

3）在"指定"列表中，选择所需命令"修剪/延伸单一图元"，同时，在"按新建"文本框中输入快捷键字符"EE"，然后单击"指定"按钮。新定义的快捷键将显示在选定命令的"快捷方式"列，结果如图 B-2 所示。

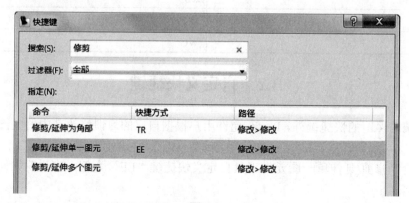

图 B-2

4）如果用户自定义的快捷键已被指定给其它命令，则 Revit 给出"快捷方式重复"对话框，如图 B-3 所示，通知用户所指定的快捷键已指定给其它命令。单击"确定"按钮忽略该提示，按"取消"按钮重新指定所选命令的快捷键。

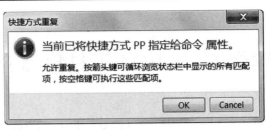

图 B-3

5）单击"快捷键"对话框底部"导出"按钮，弹出"导出快捷键"对话框，如图 B-4 所示，输入要导出的快捷键文件名称，单击"保存"按钮可以将所有已定义的快捷键保存为.xml格式的数据文件。

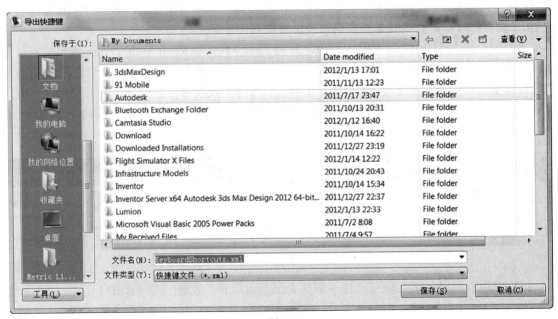

图 B-4

6）当重新安装 Revit 时，可以通过"快捷键"对话框底部的"导入"工具，导入已保存的.xml 格式快捷键文件。

同一个命令可以指定多个不同的快捷键。例如，打开"属性"面板可以通过输入 PP 或 Ctrl+1 两种方式。快捷键中可以包含 Ctrl 和 Shift+字母的形式，只需要在指定快捷键时同时按住 Ctrl 或 Shift+要使用字母即可。

当命令的快捷键重复时，输入快捷键，Revit 并不会立即执行命令，会在状态栏中显示使用该快捷键的命令名称，并允许用户通过键盘上、下箭头循环选择所有使用该快捷键的命令，并按空格键执行所选择的命令。

附录 C　isBIM 工具集简介

在建筑领域，BIM 技术已经得到了国内大多数企业的认同，Revit 作为 BIM 技术的重要软件系统已得到了初步的应用并逐步普及，但目前软件在使用中还存在一些制图效率不高以及与国家标准不符的地方，这给软件的普及推广带来了一定的阻碍，为了有效的提高使用者的设计效率，同时提高中国国家出图标准的符合度，北京互联立方技术服务有限公司（isBIMLtd. 简称互联立方）在 2012 年 3 月发布了基于 Autodesk Revit 软件基础之上的本地化功能插件《isBIM 工具集》，目前首个公开发布的版本是 2012V1 版本，可以在 Autodesk Revit 系列软件的 2012 版本上运行，后续版本将根据需要陆续发布。

《isBIM 工具集》2012 版本的主要功能分为 Revit MEP 及 Revit Architecture 两个模块具体功能包括：自动标注墙厚；同心圆弧标注；风管、管道的自动、手动标记；管路避让功能；批量布置喷淋头、与支管连接等；P 型、S 型存水弯的生成及布置；批量多管并排标注；碰撞检测信息显示；创建偏移风管、管道；批量添加保温层厚度；局部 3D 剖视图功能。

《isBIM 工具集》菜单界面如图 C-1 所示。

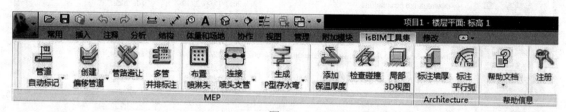

图 C-1

该软件版权归属北京互联立方技术服务有限公司所有。互联立方（isBIM）是一家面向建筑工程(AEC)行业提供 BIM 服务的企业。在为 AEC 行业客户提供 BIM 服务的过程中，陆续发现了一系列 Autodesk Revit 软件本地化的需求。为此，互联立方（isBIM）投入人力、物力在 Autodesk Revit 系列软件上开发了一系列提高软件易用性的本地化插件，并集成为《isBIM 工具集》。

北京东经天元软件科技有限公司（REL，简称东经天元）目前已经取得互联立方（isBIM）的许可，向 Autodesk Revit 系列产品用户免费提供所发布插件的使用权。欢迎大家访问以下链接进行下载：

下载地址 1：http://www.isbim.com.cn/isBIMtool.htm

下载地址 2：http://www.dongjingty.com.cn/isBIMtool.asp

用户下载和安装程序软件之后，根据程序指示，需要发邮件到以下邮箱取得授权码：technical.rel@dongjingty.com.cn，就软件使用功能需要咨询的，也请发邮件到该邮箱。

互联立方(isBIM)和东经天元(REL)非常欢迎设计师、工程师提出改进意见或者需求，所有的意见都会得到充分重视并评估。我们也同时有偿征集 Revit 爱好者的二次开发成果，以便向 AEC 用户提供更多的有价值的工具（联系电话 010-58931786）。

附录 D　学习资源

交流是最好的学习方式，对于 Revit 的学习来讲，此也同样适用。互联网是一个非常好的交流平台，目前已经有多个 Revit 资源交流论坛，可以与其它 Revit 用户共同分享问题与经验。随着 BIM 和 Revit 系列越来越深入的推广和应用，以 BIM 和 Revit 为核心内容的网站和论坛也越来越多，本书为您推荐几个比较好的学习资源网站。

北纬服务论坛：

http://www.bim123.com.cn/
推荐指数：★★★★★
简介：
北纬服务论坛是 Autodesk 公司工程建设行业中国最大的经销商北京北纬华元软件科技有限公司组织主办的大型 Autodesk 软件应用技巧、交流论坛。由专业技术支持工程师提供最专业、最权威的 Revit 系列等软件应用服务。论坛内有大量的工程案例、网络教学、应用技巧等学习资料。

CNBIM

http://www.cnbim.org/
推荐指数：★★★★★
由业内资深人士主办的 BIM 咨询网站，更新较快，有大量 BIM 应用案例、软件应用技巧等内容。内容有一定的深度和广度。

Autodesk University

http://au.autodesk.com.cn/
推荐指数：★★★★
简介：
Autodesk University（简称 AU）是由 Autodesk 举办的大型高级信息交流大会，提供最新、最实用的软件信息、应用技巧等。注册后可以下载历年来各产品的视频演讲内容和用户使用经验交流视频讲解，是掌握 Autodesk 技术的最佳途径。

知族常乐

http://www.revitcad.com/
推荐指数：★★★★
Autodesk 上海研发中心负责 Revit 族库开发的专业人士主办的 Revit 与 CAD 技术交流群，有较多 Revit 族应用技巧，并有较多软件应用技巧。

Autodesk

http://www.autodesk.com.cn

推荐指数：★★★

简介：

Revit 系列软件的开发和发行商，最权威的官方网站，可及时了解 Revit 及其它 Autodesk 产品版本更新情况，以及最新的全球案例。

Revit City

http://www.revitcity.com

推荐指数：★★★

简介：

国外专门讨论 Revit 应用的网站，内设 Revit 论坛，拥有大量 Revit 族库供用户下载使用。这是与全球用户分享 Revit 经验、族库的好去处，但用户需有一定的英文基础。

其它国内外资源

http://www.chinabim.com

http://buildz.blogspot.com

http://www.revit.com.tw

http://www.revit3d.com

http://www.revitsociety.com/

http://revitfactory.com/

http://seek.autodesk.com

注意：国外的部分网站可能需要翻墙等手段才能正常访问。